高等职业教育土木建筑大类专业系列规划教材

建设工程施工组织与进度控制

沈万岳　傅　敏▣主　编

清华大学出版社

北　京

内 容 简 介

本书共分 7 个单元,分别介绍了项目管理规划和施工组织设计、流水施工、网络计划、建设工程进度控制、施工进度计划的编制、施工现场平面布置图设计和施工组织设计实训等内容。本书体系设计合理、内容充实,力求以培养学生的"三大能力"——专业能力、方法能力和社会能力为目标编写。学习本书能直接适应工作岗位的能力要求。

本书可作为建设水利类建筑工程技术、工程管理类专业的教学用书。本书与国家职业资格考试要求相符合,可成为建筑施工现场管理岗位人员参加各种职业资格考试培训的指导教材。本书具有建筑施工现场管理岗位所必需的施工组织和进度控制实务知识,可供广大企事业单位工程管理人员参考。

图书在版编目(CIP)数据

建设工程施工组织与进度控制/沈万岳,傅敏主编.—北京:清华大学出版社,2019(2023.2重印)
(高等职业教育土木建筑大类专业系列规划教材)
ISBN 978-7-302-52479-3

Ⅰ.①建… Ⅱ.①沈… ②傅… Ⅲ.①建筑工程-施工组织-高等职业教育-教材 ②建筑工程-施工进度计划-高等职业教育-教材 Ⅳ.①TU72

中国版本图书馆 CIP 数据核字(2019)第 040930 号

责任编辑:杜　晓
封面设计:曹　来
责任校对:赵琳爽
责任印制:朱雨萌

出版发行:清华大学出版社
　　　　网　　　址:http://www.tup.com.cn,http://www.wqbook.com
　　　　地　　　址:北京清华大学学研大厦 A 座　　　　　　邮　　编:100084
　　　　社 总 机:010-83470000　　　　　　　　　　　　邮　　购:010-62786544
　　　　投稿与读者服务:010-62776969,c-service@tup.tsinghua.edu.cn
　　　　质量反馈:010-62772015,zhiliang@tup.tsinghua.edu.cn
　　　　课件下载:http://www.tup.com.cn,010-83470410
印 装 者:北京国马印刷厂
经　　销:全国新华书店
开　　本:185mm×260mm　　印　张:11.25　　　　字　　数:267 千字
版　　次:2019 年 3 月第 1 版　　　　　　　　　　印　　次:2023 年 2 月第 3 次印刷
定　　价:42.00 元

产品编号:082223-01

前　言

当前工程建设需要大量的项目管理类人才,尤其在施工组织协调和进度控制、建筑信息管理以及合同管理、装配式建筑施工部署等方面对人才的需求,显得比以往任何时候都更大。本书根据我国建设工程管理新发布的法律法规、技术标准和建设工程管理制度的有关规定,针对职业教育有关建筑工程技术专业课程知识和能力的要求编写而成,较全面地阐述了工程管理施工组织和进度控制的知识体系与具体应用。施工项目管理具有涉及面广、发展快、变化多、技术性、实践性、综合性强等特点。本书依据相关的法规和规范,借鉴国内外施工项目组织管理和进度控制的成功经验,结合施工项目实际,以施工项目进度管理为突破口,选取了施工项目管理中施工组织设计和进度控制作为主要内容。同时参考了全国注册建造师和注册监理工程师考试相关用书、考试大纲、教学大纲,以及其他相关资料,从建设工程项目管理的施工组织协调开始逐步展开,对项目的施工顺序、流水段的划分、计划安排和进度优化等方面进行了较详细的讲解和阐述。

本书单元 1 项目管理规划和施工组织设计由沈万岳、傅敏老师(浙江建设职业技术学院)编写、单元 2 流水施工由余春春老师(浙江建设职业技术学院)编写、单元 3 网络计划由沈万岳老师(浙江建设职业技术学院)编写、单元 4 建设工程进度控制由张廷瑞老师(浙江建设职业技术学院)编写、单元 5 施工进度计划的编制由陆生发老师(浙江建设职业技术学院)编写、单元 6 施工现场平面布置图设计由陆生发老师(浙江建设职业技术学院)编写、单元 7 施工组织设计实训由项建国、林滨滨、王晓翠老师(浙江建设职业技术学院)编写。全书由沈万岳老师统稿,由黄乐平老师(浙江建设职业技术学院)和王益坚(杭州运河集团建设管理有限公司)主审。本书在编写过程中得到了浙江水利水电学院刘学应教授、杭州市建筑工程监理有限公司总工程师杜力教授级高级工程师等专家们的大力支持和关心,他们提出了许多宝贵意见,在此表示衷心的感谢。

本书由浙江省全过程工程咨询与监理管理协会及浙江省建设工程监理联合学院的相关理事单位共同编写,是基于"现代学徒制"育人的监理联合学院的指定教材。本书为创建"浙江省建设工程监理特色专业"而编写,将用于浙江省建设工程监理联合学院"行业—学院—企业"三方共同培养建设工程监理专业高等职业技术应用型和技能型人才。

目前本书已在浙江省建设工程监理联合学院试用三届,学生反映本书通俗易懂、能够起到工作的指导和引领作用,同时也得到浙江省全过程工程咨询与监理管理协会及浙江省建设工程监理联合学院的相关理事单位的认可。本书编写过程中参阅了大量文献资料,得到浙江建设职业技术学院各级领导的关心、支持和指导,也得到了我院项目管理教研室和建设工程监理教研室全体同仁的共同参与编写、修改和审阅,提出了大量实用性建议,这些对提高本书的编写质量大有裨益,在此一并表示衷心的感谢。

由于编者水平和经验有限,书中不足之处在所难免,恳切希望使用本书的读者批评指正。

编　者

2018 年 10 月

目 录

单元1 项目管理规划和施工组织设计 ……………………………………… 1

1.1 《建设工程项目管理规范》的有关规定 ……………………………… 1

1.1.1 项目管理策划 ……………………………………………… 1

1.1.2 进度管理 …………………………………………………… 5

1.1.3 沟通管理 …………………………………………………… 7

1.2 施工组织设计概述 …………………………………………………… 9

1.2.1 建筑施工组织设计的概念及分类 ………………………… 9

1.2.2 施工组织总设计的内容 …………………………………… 11

1.2.3 单位工程施工组织设计的内容 …………………………… 13

1.2.4 施工方案的内容 …………………………………………… 15

1.2.5 施工组织设计的编制原则和依据 ………………………… 16

1.2.6 施工组织设计的编制程序和审批规定 …………………… 17

1.2.7 施工组织设计审查的基本内容与程序要求 ……………… 18

1.2.8 危险性较大的分部分项工程安全管理规定 ……………… 20

单元2 流水施工 …………………………………………………………… 24

2.1 流水施工的基本概念 ………………………………………………… 25

2.1.1 有节奏流水施工 …………………………………………… 25

2.1.2 成倍节拍流水施工 ………………………………………… 27

2.1.3 非节奏流水施工 …………………………………………… 29

2.2 建设工程进度计划的表示方法 ……………………………………… 32

2.2.1 横道图 ……………………………………………………… 32

2.2.2 网络计划技术 ……………………………………………… 33

2.2.3 建设工程进度计划的编制程序 …………………………… 35

单元3 网络计划 …………………………………………………………… 37

3.1 网络图基本概念 ……………………………………………………… 37

3.2 网络计划时间参数的计算 …………………………………………… 39

3.2.1 网络计划时间参数的概念 ………………………………… 40

3.2.2 双代号网络计划时间参数的计算 ………………………… 41

3.2.3 单代号网络计划时间参数的计算 ………………………… 50

3.3 双代号时标网络计划 ………………………………………………… 54

3.3.1 时标网络计划的编制方法 ·········· 54

3.3.2 时标网络计划中时间参数的判定 ·········· 57

3.3.3 时标网络计划的坐标体系 ·········· 59

3.3.4 进度计划表 ·········· 60

3.4 网络计划的优化 ·········· 61

3.4.1 工期优化 ·········· 61

3.4.2 费用优化 ·········· 65

3.4.3 资源优化 ·········· 72

3.5 单代号搭接网络计划和多级网络计划系统 ·········· 75

3.5.1 单代号搭接网络计划 ·········· 75

3.5.2 多级网络计划系统 ·········· 79

单元 4 建设工程进度控制 ·········· 83

4.1 建设工程进度控制的概念 ·········· 83

4.2 建设工程进度控制计划体系 ·········· 84

4.2.1 建设单位的计划系统 ·········· 84

4.2.2 监理单位的计划系统 ·········· 88

4.2.3 设计单位的计划系统 ·········· 88

4.2.4 施工单位的计划系统 ·········· 90

4.3 施工阶段进度控制目标的确定 ·········· 91

4.4 施工进度控制原理 ·········· 93

4.5 施工进度控制措施 ·········· 95

4.6 实际进度与计划进度的比较方法 ·········· 96

4.6.1 横道图比较法 ·········· 96

4.6.2 S曲线比较法 ·········· 98

4.6.3 香蕉曲线比较法 ·········· 100

4.6.4 前锋线比较法 ·········· 103

4.6.5 列表比较法 ·········· 105

4.7 进度计划实施中的调整方法 ·········· 106

4.7.1 分析进度偏差对后续工作及总工期的影响 ·········· 106

4.7.2 进度计划的调整方法 ·········· 107

单元 5 施工进度计划的编制 ·········· 112

5.1 施工总进度计划的编制 ·········· 112

5.2 单位工程施工进度计划的编制 ·········· 113

单元 6 施工现场平面布置图设计 ·········· 124

6.1 施工现场总平面布置图设计内容 ·········· 124

6.2 施工现场总平面布置图设计原则 ·········· 124

6.3 施工现场总平面布置图设计依据 ·········· 125

6.4 施工现场总平面布置图设计步骤 ·········· 126

6.5 施工现场总平面布置图管理 ·········· 140

　　　　6.5.1　流程化管理……………………………………………………140
　　　　6.5.2　施工平面图现场管理要点…………………………………………140
　　　　6.5.3　施工临时用电管理…………………………………………………141
　　　　6.5.4　施工临时用水管理…………………………………………………142
　　　　6.5.5　施工现场防火………………………………………………………142
单元 7　施工组织设计实训………………………………………………………145
　7.1　实训内容……………………………………………………………………145
　7.2　实训要求……………………………………………………………………146
　7.3　施工组织设计实训指导……………………………………………………147
　　　　7.3.1　工程概况和施工特点分析…………………………………………147
　　　　7.3.2　施工部署……………………………………………………………148
　　　　7.3.3　施工方案……………………………………………………………149
　　　　7.3.4　施工进度计划………………………………………………………160
　　　　7.3.5　施工准备工作计划…………………………………………………161
　　　　7.3.6　施工平面图设计……………………………………………………161
　　　　7.3.7　施工技术组织措施…………………………………………………164
　　　　7.3.8　主要技术经济指标计算和分析……………………………………168
参考文献……………………………………………………………………………169

单元 1 项目管理规划和施工组织设计

1.1 《建设工程项目管理规范》的有关规定

为规范建设工程项目管理程序和行为,提高工程项目管理水平,促进建设工程项目管理的科学化、规范化、制度化和国际化,根据住房和城乡建设部《关于印发〈2014年工程建设标准规范制订、修订计划〉的通知》(建标〔2013〕169号)的要求,规范编制组经过广泛的调查研究,认真总结实践经验,参考有关国际标准和国外先进标准,并在广泛征求意见的基础上,修订了《建设工程项目管理规范》(GB/T 50326—2017),并于2018年1月1日实施。本规范适用于新建、扩建、改建等建设工程有关各方的项目管理,是建立项目管理组织、明确企业各层次和人员的职责与工作关系,规范项目管理行为,考核和评价项目管理成果的基础依据。

1. 建设工程项目

建设工程项目是为完成依法立项的新建、扩建、改建工程而进行的、有起止日期的、达到规定要求的一组相互关联的受控活动,包括策划、勘察、设计、采购、施工、试运行、竣工验收和考核评价等阶段,简称为项目。

2. 建设工程项目管理

建设工程项目管理是运用系统的理论和方法,对建设工程项目进行的计划、组织、指挥、协调和控制等专业化活动,简称为项目管理。

3. 组织

组织是指为实现其目标而具有职责、权限和关系等自身职能的个人或群体。

4. 项目管理机构

项目管理机构是根据组织授权,直接实施项目管理的单位,可以是项目管理公司、项目部、工程监理部等。

1.1.1 项目管理策划

《建设工程项目管理规范》(GB/T 50326—2017)第5部分内容如下。

5 项目管理策划
5.1 一般规定

5.1.1 项目管理策划应由项目管理规划策划和项目管理配套策划组成。项目管理规划应包括项目管理规划大纲和项目管理实施规划,项目管理配套策划应包括项目管理规划策划以外的所有项目管理策划内容。

5.1.2　组织应建立项目管理策划的管理制度,确定项目管理策划的管理职责、实施程序和控制要求。

5.1.3　项目管理策划应包括下列管理过程:

1　分析、确定项目管理的内容与范围;

2　协调、研究、形成项目管理策划结果;

3　检查、监督、评价项目管理策划过程;履行其他确保项目管理策划的规定责任。

5.1.4　项目管理策划应遵循下列程序:

1　识别项目管理范围;

2　进行项目工作分解;

3　确定项目的实施方法;

4　规定项目需要的各种资源;

5　测算项目成本;

6　对各个项目管理过程进行策划。

5.1.5　项目管理策划过程应符合下列规定:

1　项目管理范围应包括完成项目的全部内容,并与各相关方的工作协调一致;

2　项目工作分解结构应根据项目管理范围,以可交付成果为对象实施;应根据项目实际情况与管理需要确定详细程度,确定工作分解结构;

3　提供项目所需资源应按保证工程质量和降低项目成本的要求进行方案比较;

4　项目进度安排应形成项目总进度计划,宜采用可视化图表表达;

5　宜采用量价分离的方法,按照工程实体性消耗和非实体性消耗测算项目成本;

6　应进行跟踪检查和必要的策划调整;项目结束后,宜编写项目管理策划的总结文件。

5.2　项目管理规划大纲

5.2.1　项目管理规划大纲应是项目管理工作中具有战略性、全局性和宏观性的指导文件。

5.2.2　编制项目管理规划大纲应遵循下列步骤:

1　明确项目需求和项目管理范围;

2　确定项目管理目标;

3　分析项目实施条件,进行项目工作结构分解;

4　确定项目管理组织模式、组织结构和职责分工;

5　规定项目管理措施;

6　编制项目资源计划;

7　报送审批。

5.2.3　项目管理规划大纲编制依据应包括下列内容:

1　项目文件、相关法律法规和标准;

2　类似项目经验资料;

3　实施条件调查资料。

5.2.4　项目管理规划大纲宜包括下列内容,组织也可根据需要在其中选定:

   1 项目概况；

   2 项目范围管理；

   3 项目管理目标；

   4 项目管理组织；

   5 项目采购与投标管理；

   6 项目进度管理；

   7 项目质量管理；

   8 项目成本管理；

   9 项目安全生产管理；

  10 绿色建造与环境管理；

  11 项目资源管理；

  12 项目信息管理；

  13 项目沟通与相关方管理；

  14 项目风险管理；

  15 项目收尾管理。

5.2.5 项目管理规划大纲文件应具备下列内容：

   1 项目管理目标和职责规定；

   2 项目管理程序和方法要求；

   3 项目管理资源的提供和安排。

5.3   项目管理实施规划

5.3.1 项目管理实施规划应对项目管理规划大纲的内容进行细化。

5.3.2 编制项目管理实施规划应遵循下列步骤：

   1 了解相关方的要求；

   2 分析项目具体特点和环境条件；

   3 熟悉相关的法规和文件；

   4 实施编制活动；

   5 履行报批手续。

5.3.3 项目管理实施规划编制依据可包括下列内容：

   1 适用的法律、法规和标准；

   2 项目合同及相关要求；

   3 项目管理规划大纲；

   4 项目设计文件；

   5 工程情况与特点；

   6 项目资源和条件；

   7 有价值的历史数据；

   8 项目团队的能力和水平。

5.3.4 项目管理实施规划应包括下列内容：

   1 项目概况；

2 项目总体工作安排；

3 组织方案；

4 设计与技术措施；

5 进度计划；

6 质量计划；

7 成本计划；

8 安全生产计划；

9 绿色建造与环境管理计划；

10 资源需求与采购计划；

11 信息管理计划；

12 沟通管理计划；

13 风险管理计划；

14 项目收尾计划；

15 项目现场平面布置图；

16 项目目标控制计划；

17 技术经济指标。

5.3.5 项目管理实施规划文件应满足下列要求：

1 规划大纲内容应得到全面深化和具体化；

2 实施规划范围应满足实现项目目标的实际需要；

3 实施项目管理规划的风险应处于可以接受的水平。

5.4 项目管理配套策划

5.4.1 项目管理配套策划应是与项目管理规划相关联的项目管理策划过程。组织应将项目管理配套策划作为项目管理规划的支撑措施纳入项目管理策划过程。

5.4.2 项目管理配套策划依据应包括下列内容：

1 项目管理制度；

2 项目管理规划；

3 实施过程需求；

4 相关风险程度。

5.4.3 项目管理配套策划应包括下列内容：

1 确定项目管理规划的编制人员、方法选择、时间安排；

2 安排项目管理规划各项规定的具体落实途径；

3 明确可能影响项目管理实施绩效的风险应对措施。

5.4.4 项目管理机构应确保项目管理配套策划过程满足项目管理的需求，并应符合下列规定：

1 界定项目管理配套策划的范围、内容、职责和权利；

2 规定项目管理配套策划的授权、批准和监督范围；

3 确定项目管理配套策划的风险应对措施；

4 总结评价项目管理配套策划水平。

5.4.5　组织应建立下列保证项目管理配套策划有效性的基础工作过程：

　　1　积累以往项目管理经验；

　　2　制定有关消耗定额；

　　3　编制项目基础设施配置参数；

　　4　建立工作说明书和实施操作标准；

　　5　规定项目实施的专项条件；

　　6　配置专用软件；

　　7　建立项目信息数据库；

　　8　进行项目团队建设。

1.1.2　进度管理

《建设工程项目管理规范》(GB/T 50326—2017)第 9 部分内容如下。

9　进度管理

9.1　一般规定

9.1.1　组织应建立项目进度管理制度，明确进度管理程序，规定进度管理职责及工作要求。

9.1.2　项目进度管理应遵循下列程序：

　　1　编制进度计划；

　　2　进度计划交底，落实管理责任；

　　3　实施进度计划；

　　4　进行进度控制和变更管理。

9.2　进度计划

9.2.1　项目进度计划编制依据应包括下列主要内容：

　　1　合同文件和相关要求；

　　2　项目管理规划文件；

　　3　资源条件、内部与外部约束条件。

9.2.2　组织应提出项目控制性进度计划。项目管理机构应根据组织的控制性进度计划，编制项目的作业性进度计划。

9.2.3　各类进度计划应包括下列内容：

　　1　编制说明；

　　2　进度安排；

　　3　资源需求计划；

　　4　进度保证措施。

9.2.4　编制进度计划应遵循下列步骤：

　　1　确定进度计划目标；

　　2　进行工作结构分解与工作活动定义；

　　3　确定工作之间的顺序关系；

　　4　估算各项工作投入的资源;

　　5　估算工作的持续时间;

　　6　编制进度图(表);

　　7　编制资源需求计划;

　　8　审批并发布。

9.2.5　编制进度计划应根据需要选用下列方法:

　　1　里程碑表;

　　2　工作量表;

　　3　横道计划;

　　4　网络计划。

9.2.6　项目进度计划应按有关规定经批准后实施。

9.2.7　项目进度计划实施前,应由负责人向执行者交底、落实进度责任;进度计划执行者应制定实施计划的措施。

9.3　进度控制

9.3.1　项目进度控制应遵循下列步骤:

　　1　熟悉进度计划的目标、顺序、步骤、数量、时间和技术要求;

　　2　实施跟踪检查,进行数据记录与统计;

　　3　将实际数据与计划目标对照,分析计划执行情况;

　　4　采取纠偏措施,确保各项计划目标实现。

9.3.2　对勘察、设计、施工、试运行的协调管理,项目管理机构应确保进度工作界面的合理衔接,使协调工作符合提高效率和效益的需求。

9.3.3　项目管理机构的进度控制过程应符合下列规定:

　　1　将关键线路上的各项活动过程和主要影响因素作为项目进度控制的重点;

　　2　对项目进度有影响的相关方的活动进行跟踪协调。

9.3.4　项目管理机构应按规定的统计周期,检查进度计划并保存相关记录。进度计划检查应包括下列内容:

　　1　工作完成数量;

　　2　工作时间的执行情况;

　　3　工作顺序的执行情况;

　　4　资源使用及其与进度计划的匹配情况;

　　5　前次检查提出问题的整改情况。

9.3.5　进度计划检查后,项目管理机构应编制进度管理报告并向相关方发布。

9.4　进度变更管理

9.4.1　项目管理机构应根据进度管理报告提供的信息,纠正进度计划执行中的偏差,对进度计划进行变更调整。

9.4.2　进度计划变更可包括下列内容:

　　1　工程量或工作量;

　　2　工作的起止时间;

　　　3　工作关系；

　　　4　资源供应。

9.4.3　项目管理机构应识别进度计划变更风险，并在进度计划变更前制定下列预防风险的措施：

　　　1　组织措施；

　　　2　技术措施；

　　　3　经济措施；

　　　4　沟通协调措施。

9.4.4　当采取措施后仍不能实现原目标时，项目管理机构应变更进度计划，并报原计划审批部门批准。

9.4.5　项目管理机构进度计划的变更控制应符合下列规定：

　　　1　调整相关资源供应计划，并与相关方进行沟通；

　　　2　变更计划的实施应与组织管理规定及相关合同要求一致。

1.1.3　沟通管理

　　《建设工程项目管理规范》(GB/T 50326—2017)第 16 部分内容如下。

16　沟通管理

16.1　一般规定

16.1.1　组织应建立项目相关方沟通管理机制，健全项目协调制度，确保组织内部与外部各个层面的交流与合作。

16.1.2　项目管理机构应将沟通管理纳入日常管理计划，沟通信息，协调工作，避免和消除在项目运行过程中的障碍、冲突和不一致。

16.1.3　项目各相关方应通过制度建设、完善程序，实现相互之间沟通的零距离和运行的有效性。

16.2　相关方需求识别与评估

16.2.1　建设单位应分析和评估其他各相关方对项目质量、安全、进度、造价、环保方面的理解和认识，同时分析各方对资金投入、计划管理、现场条件以及其他方面的需求。

16.2.2　勘察、设计单位应分析和评估建设单位、施工单位、监理单位以及其他相关单位对勘察设计文件和资料的理解和认识，分析对文件质量、过程跟踪服务、技术指导和辅助管理工作的需求。

16.2.3　施工单位应分析和评估建设单位及其他相关方对技术方案、工艺流程、资源条件、生产组织、工期、质量和安全保障以及环境和现场文明的需求；分析和评估供应、分包和技术咨询单位对现场条件提供、资金保证以及相关配合的需求。

16.2.4　监理单位应分析和评估建设单位的各项目标需求、授权和权限，分析和评估施工单位及其他相关单位对监理工作的认识和理解、提供技术指导和咨询服务的需求。

16.2.5　专业承包、劳务分包和供应单位应当分析和评估建设单位、施工单位、监理单位对服务质量、工作效率以及相关配合的具体要求。

16.2.6　项目管理机构在分析和评估其他方需求的同时,也应对自身需求做出分析和评估,明确定位,与其他相关单位的需求有机融合,减少冲突和不一致。

16.3　沟通管理计划

16.3.1　项目管理机构应在项目运行之前,由项目负责人组织编制项目沟通管理计划。

16.3.2　项目沟通管理计划编制依据应包括下列内容:

　1　合同文件;

　2　组织制度和行为规范;

　3　项目相关方需求识别与评估结果;

　4　项目实际情况;

　5　项目主体之间的关系;

　6　沟通方案的约束条件、假设以及适用的沟通技术;

　7　冲突和不一致解决预案。

16.3.3　项目沟通管理计划应包括下列内容:

　1　沟通范围、对象、内容与目标;

　2　沟通方法、手段及人员职责;

　3　信息发布时间与方式;

　4　项目绩效报告安排及沟通需要的资源;

　5　沟通效果检查与沟通管理计划的调整。

16.3.4　项目沟通管理计划应由授权人批准后实施。项目管理机构应定期对项目沟通管理计划进行检查、评价和改进。

16.4　沟通程序与方式

16.4.1　项目管理机构应制定沟通程序和管理要求,明确沟通责任、方法和具体要求。

16.4.2　项目管理机构应在相关方需求识别和评估的基础上,按项目运行的时间节点和不同需求细化沟通内容,界定沟通范围,明确沟通方式和途径,并针对沟通目标准备相应的预案。

16.4.3　项目沟通管理应包括下列程序:

　1　项目实施目标分解;

　2　分析各分解目标自身需求和相关方需求;

　3　评估各目标的需求差异;

　4　制订目标沟通计划;

　5　明确沟通责任人、沟通内容和沟通方案;

　6　按既定方案进行沟通;

　7　总结评价沟通效果。

16.4.4　项目管理机构应当针对项目不同实施阶段的实际情况,及时调整沟通计划和沟通方案。

16.4.5　项目管理机构应进行下列项目信息的交流:

　1　项目各相关方共享的核心信息;

2　项目内部信息；

3　项目相关方产生的有关信息。

16.4.6　项目管理机构可采用信函、邮件、文件、会议、口头交流、工作交底以及其他媒介沟通方式与项目相关方进行沟通，重要事项的沟通结果应书面确认。

16.4.7　项目管理机构应编制项目进展报告，说明项目实施情况、存在的问题及风险、拟采取的措施，预期效果或前景。

16.5　组织协调

16.5.1　组织应制定项目组织协调制度，规范运行程序和管理。

16.5.2　组织应针对项目具体特点，建立合理的管理组织，优化人员配置，确保规范、精简、高效。

16.5.3　项目管理机构应就容易发生冲突和不一致的事项，形成预先通报和互通信息的工作机制，化解冲突和不一致。

16.5.4　各项目管理机构应识别和发现问题，采取有效措施避免冲突升级和扩大。

16.5.5　在项目运行过程中，项目管理机构应分阶段、分层次、有针对性地进行组织人员之间的交流互动，增进了解，避免分歧，进行各自管理部门和管理人员的协调工作。

16.5.6　项目管理机构应实施沟通管理和组织协调教育，树立和谐、共赢、承担和奉献的管理思想，提升项目沟通管理绩效。

16.6　冲突管理

16.6.1　项目管理机构应根据项目运行规律，结合项目相关方的工作性质和特点预测项目可能的冲突和不一致，确定冲突解决的工作方案，并在沟通管理计划中予以体现。

16.6.2　消除冲突和障碍可采取下列方法：

1　选择适宜的沟通与协调途径；

2　进行工作交底；

3　有效利用第三方调解；

4　创造条件使项目相关方充分地理解项目计划，明确项目目标和实施措施。

16.6.3　项目管理机构应对项目冲突管理工作进行记录、总结和评价。

1.2　施工组织设计概述

1.2.1　建筑施工组织设计的概念及分类

建筑施工组织设计在我国已有几十年的历史，虽然产生于计划经济管理体制下，但在实际的运行当中，对规范建筑工程施工管理确实起到了相当重要的作用，在目前的市场经济条件下，它已成为建筑工程施工招投标和组织施工必不可少的重要文件。但是，由于以前没有专门的规范加以约束，各地方、各企业对建筑施工组织设计的编制和管理要求各异，给施工企业跨地区经营和内部管理造成一些混乱。同时，由于我国幅员辽阔，各地方施工企业的机具装备、管理能力和技术水平差异较大,也造成各企业编制的施工组织设计质量参差不齐。因此,国家制定了《建筑施工组织设计规范》(GB/T 50502—2009),予以规范和指导。

根据《建筑施工组织设计规范》的有关规定,施工组织设计是以施工项目为对象编制的,用以指导施工的技术、经济和管理的综合性文件。

施工组织设计是我国在工程建设领域长期沿用下来的名称,西方国家一般称为施工计划或工程项目管理计划。在《建设项目工程总承包管理规范》(GB/T 50358—2017)和《建设工程项目管理规范》(GB/T 50326—2017)中,把施工单位这部分工作分成了两个阶段,即项目管理规划大纲和项目管理实施规划。施工组织设计既不是这两个阶段的某一阶段内容,也不是两个阶段内容的简单合成,它是综合了施工组织设计在我国长期使用的惯例和各地方的实际使用效果而逐步积累的内容精华。施工组织设计在投标阶段通常被称为技术标,但它不仅包含技术方面的内容,同时也涵盖了施工管理和造价控制方面的内容,是一个综合性的文件。

施工组织设计按编制对象,可分为施工组织总设计、单位工程施工组织设计和施工方案。

施工组织总设计是以若干单位工程组成的群体工程或特大型项目为主要对象编制的施工组织设计,对整个项目的施工过程起统筹规划、重点控制的作用。

单位工程施工组织设计是以单位(子单位)工程为主要对象编制的施工组织设计,对单位(子单位)工程的施工过程起指导和制约作用。

施工方案是以分部(分项)工程或专项工程为主要对象编制的施工技术与组织方案,用以具体指导其施工过程。

单位工程和子单位工程的划分原则,在《建筑工程施工质量验收统一标准》(GB 50300—2013)中已经明确。需要说明的是,对于已经编制了施工组织总设计的项目,单位工程施工组织设计应是施工组织总设计的进一步具体化,直接指导单位工程的施工管理和技术经济活动。施工方案在某些时候也被称为分部(分项)工程或专项工程施工组织设计,但通常情况下施工方案是施工组织设计的进一步细化,是施工组织设计的补充。

建筑工程具有产品的单一性,同时作为一种产品,又具有漫长的生产周期。施工组织设计是工程技术人员运用以往的知识和经验,对建筑工程的施工预先设计的一套运作程序和实施方法,但由于人们知识经验的差异以及客观条件的变化,施工组织设计在实际执行中,难免会遇到不适用的部分,这就需要针对新情况进行修改或补充。同时,作为施工指导书,又必须将其落实到具体操作人员,使操作人员按指导书进行作业,这是一个动态的管理过程。

施工组织设计的动态管理是在项目实施过程中,对施工组织设计的执行、检查和修改的适时管理活动。施工组织设计应实行动态管理,并符合下列规定。

(1) 项目施工过程中,发生以下情况之一时,施工组织设计应及时进行修改或补充。

① 工程设计有重大修改。

② 有关法律、法规、规范和标准实施、修订和废止。

③ 主要施工方法有重大调整。

④ 主要施工资源配置有重大调整。

⑤ 施工环境有重大改变。

（2）经修改或补充的施工组织设计应重新审批后实施。

（3）项目施工前应进行施工组织设计逐级交底；项目施工过程中，应对施工组织设计的执行情况进行检查、分析并适时调整。

1.2.2　施工组织总设计的内容

《建筑施工组织设计规范》(GB/T 50502—2009)第 4 部分内容如下。

4　施工组织总设计
4.1　工程概况

4.1.1　工程概况应包括项目主要情况和项目主要施工条件等。

4.1.2　项目主要情况应包括下列内容：

1　项目名称、性质、地理位置和建设规模；

2　项目的建设、勘察、设计和监理等相关单位的情况；

3　项目设计概况；

4　项目承包范围及主要分包工程范围；

5　施工合同或招标文件对项目施工的重点要求；

6　其他应说明的情况。

4.1.3　项目主要施工条件应包括下列内容：

1　项目建设地点气象状况；

2　项目施工区域地形和工程水文地质状况；

3　项目施工区域地上、地下管线及相邻的地上、地下建(构)筑物情况；

4　与项目施工有关的道路、河流等状况；

5　当地建筑材料、设备供应和交通运输等服务能力状况；

6　当地供电、供水、供热和通信能力状况；

7　其他与施工有关的主要因素。

条文说明：在编制工程概况时，为了清晰易读，宜采用图表说明。

1　项目性质可分为工业和民用两大类，应简要介绍项目的使用功能；建设规模可包括项目的占地总面积，投资规模(产量)、分期分批建设范围等；

2　简要介绍项目的建筑面积、建筑高度、建筑层数、结构形式、建筑结构及装饰用料、建筑抗震设防烈度、安装工程和机电设备的配置等情况。

3　简要介绍项目建设地点的气温、雨、雪、风和雷电等气象变化情况以及冬、雨期的期限和冬季土的冻结深度等情况；

4　简要介绍项目施工区域地形变化和绝对标高，地质构造、土的性质和类别、地基土的承载力，河流流量和水质、最高洪水和枯水期水位，地下水位的高低变化，含水层的厚度、流向、流量和水质等情况；

5　简要介绍建设项目的主要材料、特殊材料和生产工艺设备供应条件及交通运输
条件；

6　根据当地供电供水、供热和通信情况，按照施工需求描述相关资源提供能力及解决
方案。

4.2　总体施工部署

4.2.1　施工组织总设计应对项目总体施工做出下列宏观部署：

1　确定项目施工总目标，包括进度、质量、安全、环境和成本目标；

2　根据项目施工总目标的要求，确定项目分阶段（期）交付的计划；

3　确定项目分阶段（期）施工的合理顺序及空间组织。

4.2.2　对于项目施工的重点和难点应进行简要分析。

4.2.3　总承包单位应明确项目管理组织机构形式，并宜采用框图的形式表示。

4.2.4　对于项目施工中开发和使用的新技术、新工艺应做出部署。

4.2.5　对主要分包项目施工单位的资质和能力应提出明确要求。

4.3　施工总进度计划

4.3.1　施工总进度计划应按照项目总体施工部署的安排进行编制。

4.3.2　施工总进度计划可采用网络图或横道图表示，并附必要说明。

4.4　总体施工准备与主要资源配置计划

4.4.1　总体施工准备应包括技术准备、现场准备和资金准备等。

4.4.2　技术准备、现场准备和资金准备应满足项目分阶段（期）施工的需要。

4.4.3　主要资源配置计划应包括劳动力配置计划和物资配置计划等。

4.4.4　劳动力配置计划应包括下列内容：

1　确定各施工阶段（期）的总用工量；

2　根据施工总进度计划确定各施工阶段（期）的劳动力配置计划。

4.4.5　物资配置计划应包括下列内容：

1　根据施工总进度计划确定主要工程材料和设备的配置计划；

2　根据总体施工部署和施工总进度计划确定主要施工周转材料和施工机具的配置
计划。

4.5　主要施工方法

4.5.1　施工组织总设计应对项目涉及的单位（子单位）工程和主要分部（分项）工程所采用
的施工方法进行简要说明。

4.5.2　对脚手架工程、起重吊装工程、临时用水用电工程、季节性施工等专项工程所采用的
施工方法应进行简要说明。

4.6　施工总平面布置

4.6.1　施工总平面布置应符合下列原则：

1　平面布置科学合理，施工场地占用面积少；

2　合理组织运输，减少二次搬运；

3　施工区域的划分和场地的临时占用应符合总体施工部署和施工流程的要求，减少相
互干扰；

4　充分利用既有建(构)筑物和既有设施为项目施工服务降低临时设施的建造费用;

5　临时设施应方便生产和生活,办公区、生活区和生产区宜分离设置;

6　符合节能、环保、安全和消防等要求;

7　遵守当地主管部门和建设单位关于施工现场安全文明施工的相关规定。

4.6.2　施工总平面布置图应符合下列要求:

1　根据项目总体施工部署,绘制现场不同施工阶段(期)的总平面布置图;

2　施工总平面布置图的绘制应符合国家相关标准要求并附必要说明。

4.6.3　施工总平面布置图应包括下列内容:

1　项目施工用地范围内的地形状况;

2　全部拟建的建(构)筑物和其他基础设施的位置;

3　项目施工用地范围内的加工设施、运输设施、存储设施、供电设施、供水供热设施、排水排污设施、临时施工道路和办公、生活用房等;

4　施工现场必备的安全、消防、保卫和环境保护等设施;

5　相邻的地上、地下既有建(构)筑物及相关环境。

1.2.3　单位工程施工组织设计的内容

《建筑施工组织设计规范》(GB/T 50502—2009)第 5 部分内容如下。

5　单位工程施工组织设计
5.1　工程概况

5.1.1　工程概况应包括工程主要情况、各专业设计简介和工程施工条件等。

5.1.2　工程主要情况应包括下列内容:

1　工程名称、性质和地理位置;

2　工程的建设、勘察、设计、监理和总承包等相关单位的情况;

3　工程承包范围和分包工程范围;

4　施工合同、招标文件或总承包单位对工程施工的重点要求;

5　其他应说明的情况。

5.1.3　各专业设计简介应包括下列内容:

1　建筑设计简介应依据建设单位提供的建筑设计文件进行描述,包括建筑规模、建筑功能、建筑特点、建筑耐火、防水及节能要求等,并应简单描述工程的主要装修做法;

2　结构设计简介应依据建设单位提供的结构设计文件进行描述,包括结构形式、地基基础形式、结构安全等级、抗震设防类别、主要结构构件类型及要求等;

3　机电及设备安装专业设计简介应依据建设单位提供的各相关专业设计文件进行描述,包括给水、排水及采暖系统、通风与空调系统、电气系统、智能化系统、电梯等各个专业系统的做法要求。

5.1.4　工程施工条件应参照本规范第4.1.3条所列主要内容进行说明。

5.2 施工部署

5.2.1 工程施工目标应根据施工合同、招标文件以及本单位对工程管理目标的要求确定，包括进度、质量、安全、环境和成本等目标。各项目标应满足施工组织总设计中确定的总体目标。

5.2.2 施工部署中的进度安排和空间组织应符合下列规定：

1 工程主要施工内容及其进度安排应明确说明，施工顺序应符合工序逻辑关系；

2 施工流水段应结合工程具体情况分阶段进行划分；单位工程施工阶段的划分一般包括地基基础、主体结构、装修装饰和机电设备安装三个阶段。

5.2.3 对于工程施工的重点和难点应进行分析，包括组织管理和施工技术两个方面。

5.2.4 工程管理的组织机构形式应按照本规范第4.2.3条的规定执行，并确定项目经理部的工作岗位设置及其职责划分。

5.2.5 对于工程施工中开发和使用的新技术、新工艺应做出部署，对新材料和新设备的使用应提出技术及管理要求。

5.2.6 对主要分包工程施工单位的选择要求及管理方式应进行简要说明。

5.3 施工进度计划

5.3.1 单位工程施工进度计划应按照施工部署的安排进行编制。

5.3.2 施工进度计划可采用网络图或横道图表示，并附必要说明；对于工程规模较大或较复杂的工程，宜采用网络图表示。

5.4 施工准备与资源配置计划

5.4.1 施工准备应包括技术准备、现场准备和资金准备等。

1 技术准备应包括施工所需技术资料的准备、施工方案编制计划、试验检验及设备调试工作计划、样板制作计划等；

1) 主要分部（分项）工程和专项工程在施工前应单独编制施工方案，施工方案可根据工程进展情况，分阶段编制完成；对需要编制的主要施工方案应制订编制计划；

2) 试验检验及设备调试工作计划应根据现行规范、标准中的有关要求及工程规模、进度等实际情况制订；

3) 样板制作计划应根据施工合同或招标文件的要求并结合工程特点制订。

2 现场准备应根据现场施工条件和实际需要，准备现场生产、生活等临时设施。

3 资金准备应根据施工进度计划编制资金使用计划。

5.4.2 资源配置计划应包括劳动力计划和物资配置计划等。

1 劳动力配置计划应包括下列内容：

1) 确定各施工阶段用工量；

2) 根据施工进度计划确定各施工阶段劳动力配置计划。

2 物资配置计划应包括下列内容：

1) 主要工程材料和设备的配置计划应根据施工进度计划确定，包括各施工阶段所需主要工程材料、设备的种类和数量；

2) 工程施工主要周转材料和施工机具的配置计划应根据施工部署和施工进度计划确定，包括各施工阶段所需主要周转材料、施工机具的种类和数量。

5.5　主要施工方案

5.5.1　单位工程应按照《建筑工程施工质量验收统一标准》(GB 50300—2013)中分部、分项工程的划分原则,对主要分部、分项工程制定施工方案。

5.5.2　对脚手架工程、起重吊装工程、临时用水用电工程、季节性施工等专项工程所采用的施工方案应进行必要的验算和说明。

5.6　施工现场平面布置

5.6.1　施工现场平面布置图应参照本规范第4.6.1条和第4.6.2条的规定并结合施工组织总设计,按不同施工阶段分别绘制。

5.6.2　施工现场平面布置图应包括下列内容:

　1　工程施工场地状况;

　2　拟建建(构)筑物的位置、轮廓尺寸、层数等;

　3　工程施工现场的加工设施、存储设施、办公和生活用房等的位置和面积;

　4　布置在工程施工现场的垂直运输设施、供电设施、供水供热设施、排水排污设施和临时施工道路等;

　5　施工现场必备的安全、消防、保卫和环境保护等设施;

　6　相邻的地上、地下既有建(构)筑物及相关环境。

1.2.4　施工方案的内容

《建筑施工组织设计规范》(GB/T 50502—2009)第6部分内容如下。

6　施工方案

6.1　工程概况

6.1.1　工程概况应包括工程主要情况、设计简介和工程施工条件等。

6.1.2　工程主要情况应包括分部(分项)工程或专项工程名称,工程参建单位的相关情况,工程的施工范围,施工合同、招标文件或总承包单位对工程施工的重点要求等。

6.1.3　设计简介应主要介绍施工范围内的工程设计内容和相关要求。

6.1.4　工程施工条件应重点说明与分部(分项)工程或专项工程相关的内容。

6.2　施工安排

6.2.1　工程施工目标包括进度质量、安全、环境和成本等目标,各项目标应满足施工合同、招标文件和总承包单位对工程施工的要求。

6.2.2　工程施工顺序及施工流水段应在施工安排中确定。

6.1.3　针对工程的重点和难点,进行施工安排并简述主要管理和技术措施。

6.2.4　工程管理的组织机构及岗位职责应在施工安排中确定并应符合总承包单位的要求。

6.3　施工进度计划

6.3.1　分部(分项)工程或专项工程施工进度计划应按照施工安排,并结合总承包单位的施工进度计划进行编制。

6.3.2　施工进度计划可采用网络图或横道图表示,并附必要说明。

6.4 施工准备与资源配置计划

6.4.1 施工准备应包括下列内容：

1 技术准备：包括施工所需技术资料的准备、图纸深化和技术交底的要求、试验检验和测试工作计划、样板制作计划以及与相关单位的技术交接计划等；

2 现场准备：包括生产、生活等临时设施的准备以及与相关单位进行现场交接的计划等；

3 资金准备：编制资金使用计划等。

6.4.2 资源配置计划应包括下列内容：

1 劳动力配置计划：确定工程用工量并编制专业工种劳动力计划表；

2 物资配置计划：包括工程材料和设备配置计划、周转材料和施工机具配置计划以及计量、测量和检验仪器配置计划等。

6.5 施工方法及工艺要求

6.5.1 明确分部（分项）工程或专项工程施工方法并进行必要的技术核算，对主要分项工程（工序）明确施工工艺要求。

6.5.2 对易发生质量通病、易出现安全问题、施工难度大、技术含量高的分项工程（工序）等应做出重点说明。

6.5.3 对开发和使用的新技术、新工艺以及采用的新材料、新设备应通过必要的试验或论证并制订计划。

6.5.4 对季节性施工应提出具体要求。

1.2.5 施工组织设计的编制原则和依据

1. 施工组织设计的编制原则

施工组织设计还可以按照编制阶段的不同，分为投标阶段施工组织设计和实施阶段施工组织设计。编制投标阶段施工组织设计，强调的是符合招标文件要求，以中标为目的；编制实施阶段施工组织设计，强调的是可操作性，同时鼓励企业技术创新。我国工程建设程序可归纳为以下四个阶段：投资决策阶段、勘察设计阶段、项目施工阶段、竣工验收和交付使用阶段。在目前市场经济条件下，企业应当积极利用工程特点，组织开发、创新施工技术和施工工艺，为保证持续满足过程能力和质量的要求，国家鼓励企业进行质量、环境和职业健康安全管理体系的认证制度，且目前该三个管理体系的认证在我国建筑行业中已较普及，并且建立了企业内部管理体系文件，编制施工组织设计时，不应违背上述管理体系文件的要求。施工组织设计的编制必须遵循工程建设程序，并应符合下列原则。

（1）符合施工合同或招标文件中有关工程进度、质量、安全、环境保护、造价等方面的要求。

（2）积极开发、使用新技术和新工艺，推广应用新材料和新设备。

（3）坚持科学的施工程序和合理的施工顺序，采用流水施工和网络计划等方法，科学配置资源，合理布置现场，采取季节性施工措施，实现均衡施工，达到合理的经济技术指标。

（4）采取技术和管理措施，推广建筑节能和绿色施工。

（5）与质量、环境和职业健康安全三个管理体系有效结合。

2. 施工组织设计的编制依据

施工组织设计应以下列内容作为编制依据。

(1) 与工程建设有关的法律、法规和文件。

(2) 国家现行有关标准和技术经济指标。

(3) 工程所在地区行政主管部门的批准文件,建设单位对施工的要求。

(4) 工程施工合同或招标投标文件。

(5) 工程设计文件。

(6) 工程施工范围内的现场条件,工程地质及水文地质、气象等自然条件。

(7) 与工程有关的资源供应情况。

(8) 施工企业的生产能力、机具设备状况、技术水平等。

1.2.6 施工组织设计的编制程序和审批规定

1. 施工组织设计的编制程序

施工组织设计的编制程序如下。

(1) 收集和熟悉编制施工组织总设计所需的有关资料和图纸,进行项目特点和施工条件的调查研究。

(2) 计算主要工种的工程量。

(3) 确定施工的总体部署。

(4) 拟订施工方案。

(5) 编制施工总进度计划。

(6) 编制资源需求量计划。

(7) 编制施工准备工作计划。

(8) 施工总平面图设计。

(9) 计算主要技术经济指标。

应该指出,以上施工组织设计的编制程序中有些顺序必须这样,不可逆转,如:

(1) 拟订施工方案后才可编制施工总进度计划(因为进度的安排取决于施工的方案)。

(2) 编制施工总进度计划后才可编制资源需求量计划(因为资源需求量计划要反映各种资源在时间上的需求)。

但是在以上顺序中也有些顺序应该根据具体项目而定,如确定施工的总体部署和拟订施工方案,两者有紧密的联系,往往可以交叉进行。

2. 施工组织设计的编制和审批规定

施工组织设计的编制和审批应符合下列规定。

(1) 施工组织设计应由项目负责人主持编制,可根据需要分阶段编制和审批。

(2) 施工组织总设计应由总承包单位技术负责人审批;单位工程施工组织设计应由施工单位技术负责人或技术负责人授权的技术人员审批,施工方案应由项目技术负责人审批;重点、难点分部(分项)工程和专项工程施工方案应由施工单位技术部门组织相关专家评审,施工单位技术负责人批准。

(3) 由专业承包单位施工的分部(分项)工程或专项工程的施工方案,应由专业承包单位技术负责人或技术负责人授权的技术人员审批；有总承包单位时，应由总承包单位项目技术负责人核准备案。

（4）规模较大的分部（分项）工程和专项工程的施工方案应按单位工程施工组织设计进行编制和审批。

危险性较大的分部分项工程专项施工方案编制和审批应按《危险性较大的分部分项工程安全管理规定》执行，具体详见 1.2.8 小节。

1.2.7　施工组织设计审查的基本内容与程序要求

1. 审查的基本内容

施工组织设计审查应包括下列基本内容。

（1）编审程序应符合相关规定。

（2）施工进度、施工方案及工程质量保证措施应符合施工合同要求。

（3）资金、劳动力、材料、设备等资源供应计划应满足工程施工需要。

（4）安全技术措施应符合工程建设强制性标准。

（5）施工总平面布置应科学合理。

2. 审查的程序要求

施工组织设计的报审应遵循下列程序及要求。

（1）施工单位编制的施工组织设计经施工单位技术负责人审核签认后，与施工组织设计报审表（表 1-1）一并报送项目监理机构。

（2）总监理工程师应及时组织专业监理工程师进行审查，需要修改的，由总监理工程师签发书面意见退回修改；符合要求的，由总监理工程师签认。

（3）已签认的施工组织设计由项目监理机构报送建设单位。

（4）施工组织设计在实施过程中，施工单位如需做较大的变更，应经总监理工程师审查同意。

表 1-1　施工组织设计/（专项）施工方案报审表

工程名称：　　　　　　　　　　　　　　　　　　　　　　　　　　　　编号：001

致：＿＿＿＿＿＿＿＿（项目监理机构）

我方已完成＿＿＿＿＿＿工程施工组织设计/（专项）施工方案的编制和审批，请予以审查。

附件：☑施工组织设计

　　　□专项施工方案

　　　□施工方案

施工项目经理部（盖章）

项目经理（签字）

年　月　日

续表

审查意见：

专业监理工程师（签字）
年　月　日

审核意见：

项目监理机构（盖章）
年　月　日

审批意见（仅对超过一定规模的危险性较大分部分项工程专项方案）：

建设单位（盖章）
建设单位代表（签字）
年　月　日

注：本表一式三份，项目监理机构、建设单位、施工单位各一份。

3. 施工组织设计审查质量控制要点

（1）受理施工组织设计。施工组织设计的审查必须是在施工单位编审手续齐全（即有编制人、施工单位技术负责人的签名和施工单位公章）的基础上，由施工单位填写施工组织设计报审表，并按合同约定时间报送项目监理机构。

（2）总监理工程师应在约定的时间内，组织各专业监理工程师进行审查，专业监理工程师在报审表上签署审查意见后，总监理工程师审核批准。需要施工单位修改施工组织设计时，由总监理工程师在报审表上签署意见，发回施工单位修改。施工单位修改后重新报审，总监理工程师应组织审查。施工组织设计应符合国家的技术政策，充分考虑施工合同约定的条件、施工现场条件及法律法规的要求；施工组织设计应针对工程的特点、难点及施工条件，具有可操作性，质量措施切实能保证工程质量目标，采用的技术方案和措施先进、适用、成熟。

（3）项目监理机构宜将审查施工单位施工组织设计的情况，特别是要求发回修改的情况及时向建设单位通报，应将已审定的施工组织设计及时报送建设单位。涉及增加工程措施费的项目，必须与建设单位协商，并征得建设单位的同意。

（4）经审查批准的施工组织设计，施工单位应认真贯彻实施，不得擅自改动。若需进行实质性的调整、补充或变动，应报项目监理机构审查同意。如果施工单位擅自改动，监理机构应及时发出监理通知单,要求按程序报审。

4. 施工方案审查

总监理工程师应组织专业监理工程师审查施工单位报审的施工方案,符合要求后应予以签认。施工方案审查应包括:编审程序是否符合相关规定;工程质量保证措施是否符合有关标准。

1)程序性审查

应重点审查施工方案的编制人、审批人是否符合有关权限规定的要求。根据相关规定,通常情况下,施工方案应由项目技术负责人组织编制,并经施工单位技术负责人审批签字后提交项目监理机构。项目监理机构在审批施工方案时,应检查施工单位的内部审批程序是否完善、签章是否齐全,重点核对审批人是否为施工单位技术负责人。施工方案报审表应按表1-1的要求填写。

2)内容性审查

应重点审查施工方案是否具有针对性、指导性、可操作性;现场施工管理机构是否建立了完善的质量保证体系,是否明确工程质量要求及目标,是否健全了质量保证体系组织机构及岗位职责、是否配备了相应的质量管理人员;是否建立了各项质量管理制度和质量管理程序等;施工质量保证措施是否符合现行的规范、标准等,特别是工程建设强制性标准。

例如,审查建筑地基基础工程土方开挖施工方案,要求土方开挖的顺序、方法必须与设计工况一致,并遵循"开槽支撑,先撑后挖,分层开挖,严禁超挖"的原则。在质量安全方面的要点是:①基坑边坡土不应超过设计荷载,以防边坡塌方;②挖方时不应碰撞或损伤支护结构、降水设施;③开挖到设计标高后,应对坑底进行保护,验槽合格后,尽快施工垫层;④严禁超挖;⑤开挖过程中,应对支护结构、周围环境进行观察、检测,发现异常及时处理。

3)审查的主要依据

施工方案审查主要依据有:建设工程施工合同文件及建设工程监理合同;经批准的建设工程项目文件和设计文件;相关法律、法规、规范、规程、标准图集等,以及其他工程自出资料、工程场地周边环境(含管线)资料等。

1.2.8 危险性较大的分部分项工程安全管理规定

住房和城乡建设部于2018年2月12日发布了《危险性较大的分部分项工程安全管理规定》,自2018年6月1日起施行。本规定所称危险性较大的分部分项工程(以下简称危大工程),是指房屋建筑和市政基础设施工程在施工过程中,容易导致人员群死群伤或者造成重大经济损失的分部分项工程。施工单位应当在危大工程施工前组织工程技术人员编制专项施工方案。实行施工总承包的,专项施工方案应当由施工总承包单位组织编制。危大工程实行分包的,专项施工方案可以由相关专业分包单位组织编制。专项施工方案应当由施工单位技术负责人审核签字、加盖单位公章,并由总监理工程师审查签字、加盖执业印章后方可实施。危大工程实行分包并由分包单位编制专项施工方案的,专项施工方案应当由总承包单位技术负责人及分包单位技术负责人共同审核签字并加盖单位公章。

　　超过一定规模的危大工程,施工单位应当组织召开专家论证会对专项施工方案进行论证。实行施工总承包的,由施工总承包单位组织召开专家论证会。专家论证前专项施工方案应当通过施工单位审核和总监理工程师审查。专家应当从地方人民政府住房和城乡建设主管部门建立的专家库中选取,符合专业要求且人数不得少于5名。与本工程有利害关系的人员不得以专家身份参加专家论证会。专家论证会后,应当形成论证报告,对专项施工方案提出通过、修改后通过或者不通过的一致意见。专家对论证报告负责并签字确认。

　　专项施工方案实施前,编制人员或者项目技术负责人应当向施工现场管理人员进行方案交底。施工现场管理人员应当向作业人员进行安全技术交底,并由双方和项目专职安全生产管理人员共同签字确认。施工单位应当严格按照专项施工方案组织施工,不得擅自修改专项施工方案。因规划调整、设计变更等原因确需调整的,修改后的专项施工方案应当按照本规定重新审核和论证。涉及资金或者工期调整的,建设单位应当按照约定予以调整。

　　危大工程专项施工方案的主要内容应当包括以下几种。

　　(1)工程概况:危大工程概况和特点、施工平面布置、施工要求和技术保证条件。

　　(2)编制依据:相关法律、法规、规范性文件、标准、规范及施工图设计文件、施工组织设计等。

　　(3)施工计划:施工进度计划、材料与设备计划。

　　(4)施工工艺技术:技术参数、工艺流程、施工方法、操作要求、检查要求等。

　　(5)施工安全保证措施:组织保障措施、技术措施、监测监控措施等。

　　(6)施工管理及作业人员配备和分工:施工管理人员、专职安全生产管理人员、特种作业人员、其他作业人员等。

　　(7)验收要求:验收标准、验收程序、验收内容、验收人员等。

　　(8)应急处置措施。

　　(9)计算书及相关施工图纸。

　　超过一定规模的危大工程专项施工方案专家论证会应当包括以下人员。

　　(1)专家。

　　(2)建设单位项目负责人。

　　(3)有关勘察、设计单位项目技术负责人及相关人员。

　　(4)总承包单位和分包单位技术负责人或授权委派的专业技术人员、项目负责人、项目技术负责人、专项施工方案编制人员、项目专职安全生产管理人员及相关人员。

　　(5)监理单位项目总监理工程师及专业监理工程师。

　　对于超过一定规模的危大工程专项施工方案,专家论证的主要内容如下。

　　(1)专项施工方案内容是否完整、可行。

　　(2)专项施工方案计算书和验算依据、施工图是否符合有关标准规范。

　　(3)专项施工方案是否满足现场实际情况,并能够确保施工安全。

　　超过一定规模的危大工程专项施工方案经专家论证后结论为“通过”的,施工单位可参考专家意见自行修改完善;结论为“修改后通过”的,专家意见要明确具体修改内容,施工单位应当按照专家意见进行修改,并履行有关审核和审查手续后方可实施,修改情况应及时告知专家。

　　危险性较大的分部分项工程范围如下。

1. 基坑工程

(1) 开挖深度超过 3m(含 3m)的基坑(槽)的土方开挖、支护、降水工程。

(2) 开挖深度虽未超过 3m,但地质条件、周围环境和地下管线复杂,或影响毗邻建、构筑物安全的基坑(槽)的土方开挖、支护、降水工程。

2. 模板工程及支撑体系

(1) 各类工具式模板工程:包括滑模、爬模、飞模、隧道模等工程。

(2) 混凝土模板支撑工程:搭设高度 5m 及以上,或搭设跨度 10m 及以上,或施工总荷载(荷载效应基本组合的设计值,以下简称设计值)10kN/m² 及以上,或集中线荷载(设计值)15kN/m 及以上,或高度大于支撑水平投影宽度且相对独立无联系构件的混凝土模板支撑工程。

(3) 承重支撑体系:用于钢结构安装等满堂支撑体系。

3. 起重吊装及起重机械安装拆卸工程

(1) 采用非常规起重设备、方法,且单件起吊重量在 10kN 及以上的起重吊装工程。

(2) 采用起重机械进行安装的工程。

(3) 起重机械安装和拆卸工程。

4. 脚手架工程

(1) 搭设高度 24m 及以上的落地式钢管脚手架工程(包括采光井、电梯井脚手架)。

(2) 附着式升降脚手架工程。

(3) 悬挑式脚手架工程。

(4) 高处作业吊篮。

(5) 卸料平台、操作平台工程。

(6) 异型脚手架工程。

5. 拆除工程

可能影响行人、交通、电力设施、通信设施或其他建、构筑物安全的拆除工程。

6. 暗挖工程

采用矿山法、盾构法、顶管法施工的隧道、洞室工程。

7. 其他

(1) 建筑幕墙安装工程。

(2) 钢结构、网架和索膜结构安装工程。

(3) 人工挖孔桩工程。

(4) 水下作业工程。

(5) 装配式建筑混凝土预制构件安装工程。

(6) 采用新技术、新工艺、新材料、新设备可能影响工程施工安全,尚无国家、行业及地方技术标准的分部分项工程。

超过一定规模的危险性较大的分部分项工程范围如下。

1) 深基坑工程

开挖深度超过 5m(含 5m)的基坑(槽)的土方开挖、支护、降水工程。

2) 模板工程及支撑体系

(1) 各类工具式模板工程:包括滑模、爬模、飞模、隧道模等工程。

（2）混凝土模板支撑工程：搭设高度8m及以上，或搭设跨度18m及以上，或施工总荷载（设计值）15kN/m² 及以上，或集中线荷载（设计值）20kN/m及以上。

（3）承重支撑体系：用于钢结构安装等满堂支撑体系，承受单点集中荷载7kN及以上。

3）起重吊装及起重机械安装拆卸工程

（1）采用非常规起重设备、方法，且单件起吊重量在100kN及以上的起重吊装工程。

（2）起重量300kN及以上，或搭设总高度200m及以上，或搭设基础标高在200m及以上的起重机械安装和拆卸工程。

4）脚手架工程

（1）搭设高度50m及以上的落地式钢管脚手架工程。

（2）提升高度在150m及以上的附着式升降脚手架工程或附着式升降操作平台工程。

（3）分段架体搭设高度20m及以上的悬挑式脚手架工程。

5）拆除工程

（1）码头、桥梁、高架、烟囱、水塔或拆除中容易引起有毒有害气（液）体或粉尘扩散、易燃易爆事故发生的特殊建、构筑物的拆除工程。

（2）文物保护建筑、优秀历史建筑或历史文化风貌区影响范围内的拆除工程。

6）暗挖工程

采用矿山法、盾构法、顶管法施工的隧道、洞室工程。

7）其他

（1）施工高度50m及以上的建筑幕墙安装工程。

（2）跨度36m及以上的钢结构安装工程，或跨度60m及以上的网架和索膜结构安装工程。

（3）开挖深度16m及以上的人工挖孔桩工程。

（4）水下作业工程。

（5）1000kN及以上的大型结构整体顶升、平移、转体等施工工艺。

（6）采用新技术、新工艺、新材料、新设备可能影响工程施工安全，尚无国家、行业及地方技术标准的分部分项工程。

单元 2 流水施工

任何一个施工项目都是由若干个施工过程组成的,而每个施工过程可以组织一个或多个施工班组来进行施工。如何组织各施工班组的先后顺序或平行搭接施工,是组织施工中的一个基本问题。通常,组织施工有依次施工、平行施工、流水施工三种方式。

1. 依次施工

依次施工是指将施工项目分解成若干个施工对象,按照一定的施工顺序,前一个施工对象完成后,去做后一个施工对象,直至完成所有施工对象的施工组织方式。依次施工是最基本、最原始的施工组织方式,它的特点是单位时间内投入的劳动力、材料、机械设备等资源量较少,有利于资源供应的组织工作,施工现场管理简单,便于组织安排;由于没有充分利用工作面去争取时间,所以施工工期长;各班组施工及材料供应无法保持连续和均衡,工人有窝工情况;不利于改进工人的操作方法和施工机具,不利于提高施工质量和劳动生产率。当工程规模较小、施工工作面又有限时,依次施工是适用的。

2. 平行施工

平行施工是指将施工项目分解成若干个施工对象,相同内容的施工对象同时开工、同时竣工的施工组织方式。平行施工的特点是充分利用工作面去争取时间,所以施工工期最短;单位时间内投入的劳动力、材料、机械设备等资源量较大,供应集中,所需的临时设施、仓库面积等也相应增加,施工现场管理复杂,组织安排困难;不利于改进工人的操作方法和施工机具,不利于提高施工质量和劳动生产率。当工程规模较大、施工工期要求紧、资源供应有保障时,平行施工是适用、合理的。

3. 流水施工

流水施工是指将施工项目分解成若干个施工对象,各个施工对象陆续开工、陆续竣工,使同一施工对象的施工班组保持连续、均衡施工,不同施工对象尽可能平行搭接施工的施工组织方式。流水施工的特点是科学地利用了工作面,争取了时间,施工工期较合理;单位时间内投入的劳动力、材料、机械设备等资源量较均衡,有利于资源供应的组织工作,实行了班组专业化施工,有利于提高专业水平和劳动生产率,也有利于提高施工质量;为文明施工和进行现场的科学管理创造了条件。因此,流水施工是一种较科学、合理的施工组织方式。组织流水施工的条件是:划分施工过程,应根据施工进度计划的性质、施工方法与工程结构、劳动组织情况等进行划分;划分施工段,数目要合理,工程量应大致相等,要足够的工作面,要利于结构的整体性,要以主导施工过程为依据进行划分;每个施工过程组织独立的专业班组;主导施工过程必须连续、均衡地施工;不同施工过程尽可能组织平行搭接施工。

施工项目施工中,哪些内容应按依次施工来组织,哪些内容应按平行施工来组织,哪些内容应按流水施工来组织,是施工方案选择中必须考虑的问题。一般情况下,施工项目中包含多幢建筑物,资源供应有保障,应考虑按平行施工或流水施工方式来组织施工;施工项目中只包含一幢建筑物,这要根据其施工特点和具体情况来决定采用哪种施工组织方式。

流水施工是一种科学、有效的工程项目施工组织方法之一,它可以充分利用工作时间和操作空间,减少非生产性劳动消耗,提高劳动生产率,保证工程施工连续、均衡、有节奏地进行,从而对提高工程质量、降低工程造价、缩短工期有着显著的作用。

2.1 流水施工的基本概念

流水施工方式是将拟建工程项目中的每一个施工对象分解为若干个施工过程,并按照施工过程成立相应的专业工作队,各专业队按照施工顺序依次完成各个施工对象的施工过程,同时保证施工在时间和空间上连续、均衡和有节奏地进行,使相邻两专业队能最大限度地搭接作业。流水施工方式具有以下特点。

(1) 尽可能地利用工作面进行施工,工期比较短。

(2) 各工作队实现了专业化施工,有利于提高技术水平和劳动生产率。

(3) 专业工作队能够连续施工,同时能使相邻专业队的开工时间最大限度地搭接。

(4) 单位时间内投入的劳动力、施工机具、材料等资源量较为均衡,有利于资源供应的组织。

(5) 为施工现场的文明施工和科学管理创造了有利条件。

2.1.1 有节奏流水施工

1. 固定节拍流水施工的特点

固定节拍流水施工是一种最理想的流水施工方式,其特点如下。

(1) 所有施工过程在各个施工段上的流水节拍均相等。

(2) 相邻施工过程的流水步距相等,且等于流水节拍。

(3) 专业工作队数等于施工过程数,即每一个施工过程成立一个专业工作队,由该队完成相应施工过程所有施工段上的任务。

(4) 各个专业工作队在各施工段上能够连续作业,施工段之间没有空闲时间。

2. 固定节拍流水施工工期

1) 有间歇时间的固定节拍流水施工

所谓间歇时间,是指相邻两个施工过程之间由于工艺或组织安排需要而增加的额外等待时间,包括工艺间歇时间($G_{j,j+1}$)和组织间歇时间($Z_{j,j+1}$)。对于有间歇时间的固定节拍流水施工,其流水施工工期 T 可按公式(2-1)计算:

$$T = (n-1)t + \sum G + \sum Z + m \cdot t = (m+n-1)t + \sum G + \sum Z \qquad (2\text{-}1)$$

例如,某分部工程流水施工计划如图 2-1 所示。

在该计划中,施工过程数目 $n=4$;施工段数目 $m=4$;流水节拍 $t=2$;流水步距 $K_{\mathrm{I,II}} = K_{\mathrm{II,III}} = K_{\mathrm{III,IV}} = t = 2$;组织间歇 $Z_{\mathrm{I,II}} = Z_{\mathrm{II,III}} = Z_{\mathrm{III,IV}} = 0$;工艺间歇 $G_{\mathrm{I,II}} = G_{\mathrm{III,IV}} = 0$;$G_{\mathrm{II,III}} = 1$。因此,其流水施工工期为

$$\begin{aligned}
T &= (m+n-1)t + \sum G + \sum Z \\
&= (4+4-1) \times 2 + 1 + 0 \\
&= 15(\text{天})
\end{aligned}$$

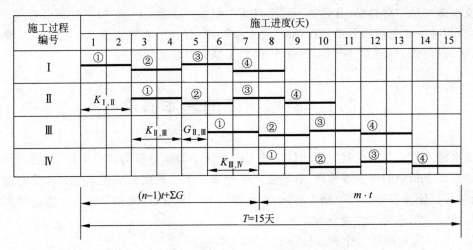

图 2-1　有间歇时间的固定节拍流水施工进度计划

2）有提前插入时间的固定节拍流水施工

所谓提前插入时间，是指相邻两个专业工作队在同一施工段上共同作业的时间。在工作面允许和资源有保证的前提下，专业工作队提前插入施工，可以缩短流水施工工期。对于有提前插入时间的固定节拍流水施工，其流水施工工期 T 可按公式（2-2）计算：

$$T = (n-1)t + \sum G + \sum Z - \sum C + m \cdot t$$
$$= (m+n-1)t + \sum G + \sum Z - \sum C \tag{2-2}$$

例如，某分部工程流水施工计划如图 2-2 所示。

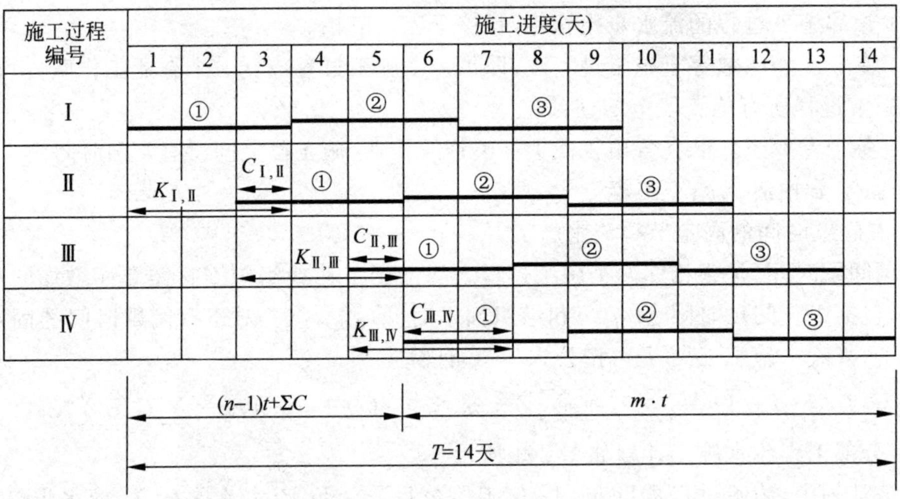

图 2-2　有提前插入时间的固定节拍流水施工进度计划

在该计划中，施工过程数目 $n=4$；施工段数目 $m=3$；流水节拍 $t=3$；流水步距 $K_{\mathrm{I},\mathrm{II}} = K_{\mathrm{II},\mathrm{III}} = K_{\mathrm{III},\mathrm{IV}} = t = 3$；组织间歇 $Z_{\mathrm{I},\mathrm{II}} = Z_{\mathrm{II},\mathrm{III}} = Z_{\mathrm{III},\mathrm{IV}} = 0$；工艺间歇 $G_{\mathrm{I},\mathrm{II}} = G_{\mathrm{II},\mathrm{III}} = G_{\mathrm{III},\mathrm{IV}} = 0$；提前插入时间 $C_{\mathrm{I},\mathrm{II}} = C_{\mathrm{II},\mathrm{III}} = 1$，$C_{\mathrm{III},\mathrm{IV}} = 2$ 因此，其流水施工工期为

$$T = (m+n-1)t + \sum G + \sum Z$$
$$= (3+4-1) \times 3 + 0 + 0 - (1+1+2) = 14(天)$$

2.1.2 成倍节拍流水施工

在通常情况下,组织固定节拍的流水施工是比较困难的。因为在任一施工段上,不同的施工过程,其复杂程度不同,影响流水节拍的因素也各不相同,很难使得各个施工过程的流水节拍都彼此相等。但是,如果施工段划分得合适,保持同一施工过程各施工段的流水节拍相等是不难实现的。使某些施工过程的流水节拍成为其他施工过程流水节拍的倍数,即形成成倍节拍流水施工。成倍节拍流水施工包括一般的成倍节拍流水施工和加快的成倍节拍流水施工。为了缩短流水施工工期,一般均采用加快的成倍节拍流水施工方式。

1. 加快的成倍节拍流水施工的特点

加快的成倍节拍流水施工的特点如下。

(1) 同一施工过程在其各个施工段上的流水节拍均相等;不同施工过程的流水节拍不等,但其值为倍数关系。

(2) 相邻专业工作队的流水步距相等,且等于流水节拍的最大公约数(K)。

(3) 专业工作队数大于施工过程数,即有的施工过程只成立一个专业工作队,而对于流水节拍大的施工过程,可按其倍数增加相应专业工作队数目。

(4) 各个专业工作队在施工段上能够连续作业,施工段之间没有空闲时间。

2. 加快的成倍节拍流水施工工期

加快的成倍节拍流水施工工期 T 可按公式(2-3)计算:

$$T = (n'-1)K + \sum G + \sum Z - \sum C + m \cdot K$$
$$= (m+n'-1)K + \sum G + \sum Z - \sum C \qquad (2\text{-}3)$$

式中:n'——专业工作队数目,其余符号如前所述。

例如,某分部工程流水施工进度计划如图 2-3 所示。

在该计划中,施工过程数目 $n=3$;专业工作队数目 $n'=6$;施工段数目 $m=6$;流水步距 $K=1$;组织间歇 $Z=0$;工艺间歇 $G=0$;提前插入时间 $C=0$。因此,其流水施工工期为

$$T = (m+n'-1)K + \sum G + \sum Z - \sum C$$
$$= (6+6-1) \times 1 + 0 + 0 - 0$$
$$= 11(天)$$

3. 成倍节拍流水施工示例

1) 成倍节拍流水施工工期示例

某建设工程由四幢大板结构楼房组成,每幢楼房为一个施工段,施工过程划分为基础工程、结构安装、室内装修和室外工程 4 项,其一般的成倍节拍流水施工进度计划如图 2-4 所示。

由图 2-4 可知,如果按 4 个施工过程成立 4 个专业工作队组织流水施工,其总工期为

$$T_0 = (5+10+25) + 4 \times 5 = 60(周)$$

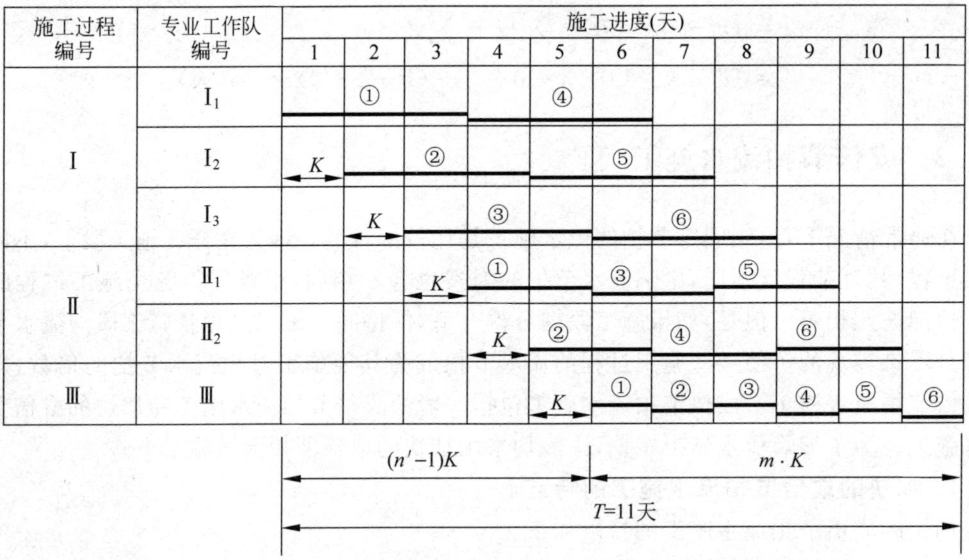

施工过程编号	专业工作队编号	施工进度(天)										
		1	2	3	4	5	6	7	8	9	10	11
I	I₁		①			④						
	I₂	K		②			⑤					
	I₃		K		③			⑥				
II	II₁			K	①			③		⑤		
	II₂				K	②			④		⑥	
III	III					K	①	②	③	④	⑤	⑥

$(n'-1)K$ $m \cdot K$

$T = 11$天

图 2-3 加快的成倍节拍流水施工进度计划

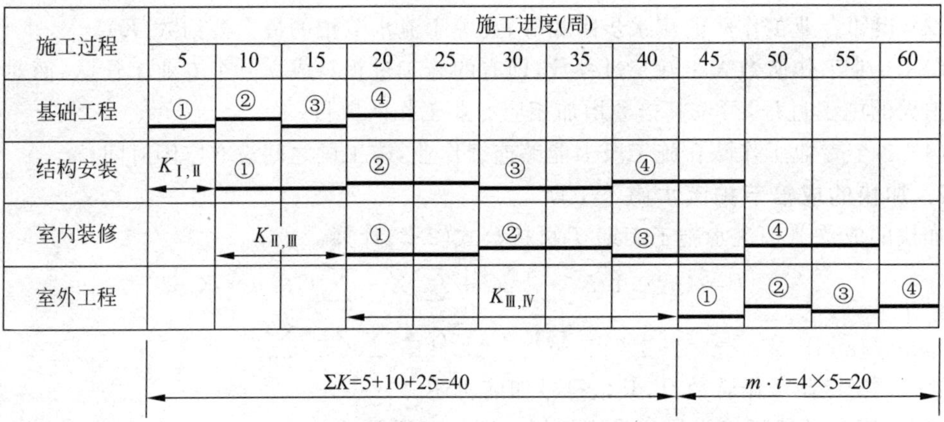

施工过程	施工进度(周)											
	5	10	15	20	25	30	35	40	45	50	55	60
基础工程	①	②	③	④								
结构安装	$K_{I,II}$	①		②		③		④				
室内装修			$K_{II,III}$	①		②		③		④		
室外工程						$K_{III,IV}$			①	②	③	④

$\Sigma K = 5 + 10 + 25 = 40$ $m \cdot t = 4 \times 5 = 20$

图 2-4 大板结构楼房一般的成倍节拍流水施工计划

2) 组织加快成倍节拍流水施工

为加快施工进度,可增加专业工作队,组织加快的成倍节拍流水施工,将图 2-4 示例改为加快的成倍节拍流水施工,步骤如下。

(1) 计算流水步距

流水步距等于流水节拍的最大公约数,即

$$K = \min [5, 10, 10, 5] = 5$$

(2) 确定专业工作队数目

每个施工过程成立的专业工作队数目可按公式(2-4)计算:

$$b_j = t_j / K \qquad (2-4)$$

式中:b_j——第 j 个施工过程的专业工作队数目;

t_j——第 j 个施工过程的流水节拍;

K——流水步距。

在本例中,各施工过程的专业工作队数目分别如下。

Ⅰ——基础工程:$b_{\text{Ⅰ}}=t_{\text{Ⅰ}}/K=5/5=1$;

Ⅱ——结构安装:$b_{\text{Ⅱ}}=t_{\text{Ⅱ}}/K=10/5=2$;

Ⅲ——室内装修:$b_{\text{Ⅲ}}=b_{\text{Ⅲ}}/K=10/5=2$;

Ⅳ——室外工程:$b_{\text{Ⅳ}}=b_{\text{Ⅳ}}/K=5/5=1$。

于是,参与该工程流水施工的专业工作队总数 n' 为

$$n'=\sum bi=(1+2+2+1)=6$$

(3)绘制加快的成倍节拍流水施工进度计划图

在加快的成倍节拍流水施工进度计划图中,除表明施工过程的编号或名称外,还应表明专业工作队的编号。在表明各施工段的编号时,一定要注意有多个专业工作队的施工过程。某些专业工作队连续作业的施工段编号不应该是连续的,否则,无法组织合理的流水施工。

根据图 2-4 所示进度计划编制的加快的成倍节拍流水施工进度计划如图 2-5 所示。

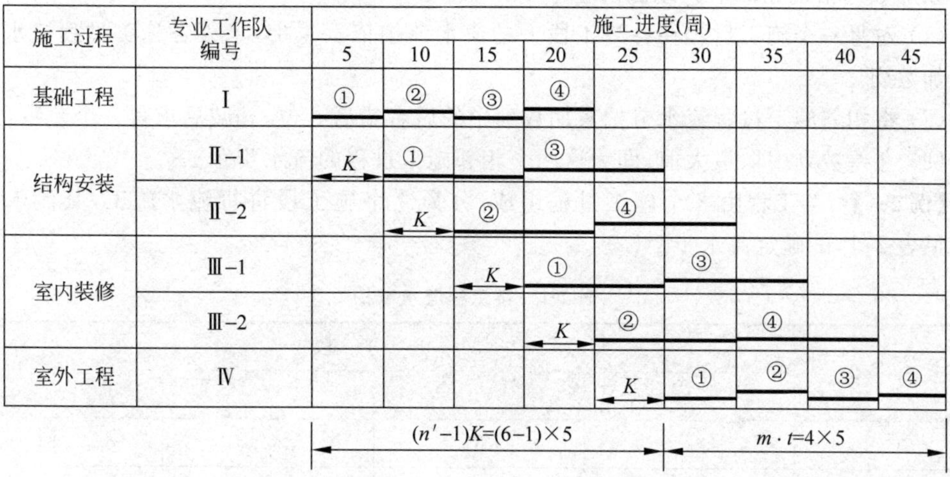

施工过程	专业工作队编号	施工进度(周)								
		5	10	15	20	25	30	35	40	45
基础工程	Ⅰ	①	②	③	④					
结构安装	Ⅱ-1		①		③					
	Ⅱ-2			②		④				
室内装修	Ⅲ-1				①		③			
	Ⅲ-2					②		④		
室外工程	Ⅳ						①	②	③	④

$(n'-1)K=(6-1)\times5$　　　$m\cdot t=4\times5$

图 2-5　大板结构楼房加快的成倍节拍流水施工计划

(4)确定流水施工工期

由图 2-5 可知,本计划中没有组织间歇、工艺间歇及提前插入,故根据公式(2-3)算得流水施工工期为

$$T=(m+n'-1)K=(4+6-1)\times5=45(\text{周})$$

与一般的成倍节拍流水施工进度计划比较,该工程组织加快的成倍节拍流水施工使得总工期缩短了 15 周。

2.1.3　非节奏流水施工

在组织流水施工时,经常由于工程结构形式、施工条件不同等原因,使得各施工过程在各施工段上的工程量有较大差异,或因专业工作队的生产效率相差较大,导致各施工过程的流水节拍随施工段的不同而不同,且不同施工过程之间的流水节拍又有很大差

异。这时,流水节拍虽无任何规律,但仍可利用流水施工原理组织流水施工,使各专业工作队在满足连续施工的条件下,实现最大搭接。这种非节奏流水施工方式是建设工程流水施工的普遍方式。

1. 非节奏流水施工的特点

非节奏流水施工具有以下特点。

(1) 各施工过程在各施工段的流水节拍不全相等。

(2) 相邻施工过程的流水步距不尽相等。

(3) 专业工作队数等于施工过程数。

(4) 各专业工作队能够在施工段上连续作业,但有的施工段之间可能有空闲时间。

2. 流水步距的确定

在非节奏流水施工中,通常采用累加数列错位相减取大差法计算流水步距。由于这种方法是由潘特考夫斯基(译音)首先提出的,故又称为潘特考夫斯基法。这种方法简捷、准确,便于掌握。

累加数列错位相减取大差法的基本步骤如下。

(1) 对每一个施工过程在各施工段上的流水节拍依次累加,求得各施工过程流水节拍的累加数列。

(2) 将相邻施工过程流水节拍累加数列中的后者错后一位,相减后求得一个差数列。

(3) 在差数列中取最大值,即为这两个相邻施工过程的流水步距。

【例 2-1】 某工程由 3 个施工过程组成,分为 4 个施工段进行流水施工,其流水节拍(天)见表 2-1,试确定流水步距。

表 2-1　某工程流水节拍

施 工 过 程	施 工 段			
	①	②	③	④
Ⅰ	2	3	2	1
Ⅱ	3	2	4	2
Ⅲ	3	4	2	2

【解】 (1) 求各施工过程流水节拍的累加数列。

施工过程Ⅰ:2,5,7,8

施工过程Ⅱ:3,5,9,11

施工过程Ⅲ:3,7,9,11

(2) 错位相减求得差数列。

Ⅰ与Ⅱ:

$$
\begin{array}{rccccc}
 & 2 & 5 & 7 & 8 & \\
- & & 3 & 5 & 9 & 11 \\
\hline
 & 2 & 2 & 2 & -1 & -11
\end{array}
$$

Ⅱ与Ⅲ:

$$
\begin{array}{cccc}
3 & 5 & 9 & 11 \\
- & 3 & 7 & 9 & 11 \\
\hline
3 & 2 & 2 & 2 & -11
\end{array}
$$

（3）在差数列中取最大值求得流水步距：

施工过程Ⅰ与Ⅱ之间的流水步距：$K_{Ⅰ,Ⅱ}=\max[2,2,2,-1,-11]=2$（天）

施工过程Ⅱ与Ⅲ之间的流水步距：$K_{Ⅱ,Ⅲ}=\max[3,2,2,2,-11]=3$（天）

3. 流水施工工期的确定

流水施工工期可按公式（2-5）计算：

$$
T=\sum K+\sum t_n+\sum Z+\sum G-\sum C \tag{2-5}
$$

式中：T——流水施工工期；

　　$\sum K$——各施工过程（或专业工作队）之间流水步距之和；

　　$\sum t_n$——最后一个施工过程（或专业工作队）在各施工段流水节拍之和；

　　$\sum Z$——组织间歇时间之和；

　　$\sum G$——工艺间歇时间之和；

　　$\sum C$——提前插入时间之和。

【例 2-2】　某工厂需要修建 4 台设备的基础工程，施工过程包括基础开挖、基础处理和浇筑混凝土。因设备型号与基础条件等不同，使得 4 台设备（施工段）的各施工过程有着不同的流水节拍（单位：周），见表 2-2。

表 2-2　基础工程流水节拍

施工过程	施 工 段			
	设备 A	设备 B	设备 C	设备 D
基础开挖	2	3	2	2
基础处理	4	4	2	3
浇筑混凝土	2	3	2	3

【解】　从流水节拍的特点可以看出，本工程应按非节奏流水施工方式组织施工。

（1）确定施工流向由设备 A→B→C→D，施工段数 $m=4$。

（2）确定施工过程数 $n=3$，包括基础开挖、基础处理和浇筑混凝土。

（3）采用"累加数列错位相减取大差法"求流水步距：

$$
\begin{array}{ccccc}
2 & 5 & 7 & 9 \\
- & 4 & 8 & 10 & 13 \\
\hline
2 & 1 & -1 & -1 & -13
\end{array}
$$

$K1,2=\max[2,\ 1,\ -1,-1,-13]=2$

$$
\begin{array}{ccccc}
4 & 8 & 10 & 13 \\
- & 2 & 5 & 7 & 10 \\
\hline
4 & 6 & 5 & 6 & -10
\end{array}
$$

$K2,3=\max[4,\ 6,\ 5,\ 6,\ -10]=6$

（4）计算流水施工工期：

$$T = \sum K + \sum t_n = (2+6)+(2+3+2+3) = 18（周）$$

（5）绘制非节奏流水施工进度计划，如图 2-6 所示。

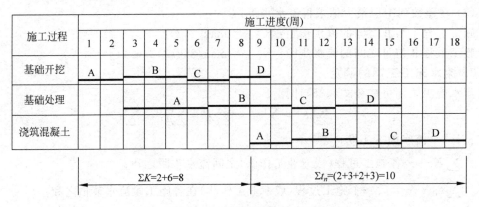

图 2-6　设备基础工程流水施工进度计划

2.2　建设工程进度计划的表示方法

建设工程进度计划的表示方法有多种，常用的有横道图和网络图两种。

2.2.1　横道图

横道图也称甘特图，是美国人甘特（Gantt 团体）在 20 世纪初提出的一种进度计划表示方法。由于其形象、直观，且易于编制和理解，因而长期以来广泛应用于建设工程进度控制之中。

用横道图表示的建设工程进度计划，一般包括两个基本部分，即左侧的工作名称及工作的持续时间等基本数据部分和右侧的横道线部分。图 2-7 所示即为用横道图表示的某桥梁工程施工进度计划。该计划明确地表示出各项工作的划分、工作的开始时间和完成时间、工作的持续时间、工作之间的相互搭接关系，以及整个工程项目的开工时间、完工时间和总工期。

利用横道图表示工程进度计划，存在下列缺点。

（1）不能明确地反映出各项工作之间错综复杂的相互关系，因而在计划执行过程中，当某些工作的进度由于某种原因提前或拖延时，不便于分析其对其他工作及总工期的影响程度，不利于建设工程进度的动态控制。

（2）不能明确地反映出影响工期的关键工作和关键线路，也就无法反映出整个工程项目的关键所在，因而不便于进度控制人员抓住主要矛盾。

（3）不能反映出工作所具有的机动时间，看不到计划的潜力所在，无法进行最合理的组织和指挥。

（4）不能反映工程费用与工期之间的关系，因而不便于缩短工期和降低工程成本。

由于横道计划存在上述不足，给建设工程进度控制工作带来很大不便。即使进度控制人员在编制计划时已充分考虑了各方面的问题，在横道图上也不能全面地反映出来，特别是

序号	工作名称	持续时间（天）	进度（天）										
			5	10	15	20	25	30	35	40	45	50	55
1	施工准备	5	▬										
2	预制梁	20		▬▬▬▬									
3	运输梁	2						▬					
4	东侧桥台基础	10		▬▬									
5	东侧桥台	8				▬▬							
6	东桥台后填土	5						▬					
7	西侧桥台基础	25		▬▬▬▬▬									
8	西侧桥台	8								▬▬			
9	西桥台后填土	5									▬		
10	架梁	7										▬	
11	与路基连接	5											▬

图 2-7　某桥梁工程施工进度横道计划

当工程项目规模大、工艺关系复杂时，横道图就很难充分暴露矛盾。而且在横道计划的执行过程中，对其进行调整也十分烦琐和费时。由此可见，利用横道计划控制建设工程进度有较大的局限性。

2.2.2　网络计划技术

建设工程进度计划用网络图来表示，可以使建设工程进度得到有效控制。国内外实践证明，网络计划技术是用于控制建设工程进度的最有效工具。无论是建设工程设计阶段的进度控制，还是施工阶段的进度控制，均可使用网络计划技术。

1. 网络计划的种类

网络计划技术自 20 世纪 50 年代末诞生以来，已得到迅速发展和广泛应用，其种类也越来越多。总的来说，网络计划可分为确定型和非确定型两类。如果网络计划中各项工作及其持续时间和各工作之间的相互关系都是确定的，就是确定型网络计划，否则属于非确定型网络计划。如计划评审技术、图示评审技术、风险评审技术、决策关键线路法等均属于非确定型网络计划。一般情况下，建设工程进度控制主要应用确定型网络计划。对于确定型网络计划来说，除了普通的双代号网络计划和单代号网络计划以外，还根据工程实际的需要，派生出下列几种网络计划。

1）时标网络计划

时标网络计划是以时间坐标为尺度表示工作进度安排的网络计划，其主要特点是计划时间直观明了。

2）搭接网络计划

搭接网络计划是可以表示计划中各项工作之间搭接关系的网络计划，其主要特点是计划图形简单。常用的搭接网络计划是单代号搭接网络计划。

3）有时限的网络计划

有时限的网络计划是指能够体现由于外界因素的影响而对工作计划时间安排有限制的网络计划。

4）多级网络计划

多级网络计划是一个由若干个处于不同层次且相互间有关联的网络计划组成的系统，它主要适用于大中型工程建设项目，用来解决工程进度中的综合平衡问题。

除上述网络计划外，还有用于表示工作之间流水作业关系的流水网络计划和具有多个工期目标的多目标网络计划等。

2. 网络计划的特点

利用网络计划控制建设工程进度，可以弥补横道计划的许多不足。图 2-8 和图 2-9 分别为双代号网络图和单代号网络图表示的某桥梁工程施工进度计划。与横道计划相比，网络计划具有以下主要特点。

1）网络计划能够明确表达各项工作之间的逻辑关系

所谓逻辑关系，是指各项工作之间的先后顺序关系。网络计划能够明确地表达各项工作之间的逻辑关系，对于分析各项工作之间的相互影响及处理它们之间的协作关系具有非常重要的意义，同时也是网络计划相对于横道图计划最明显的特征之一。

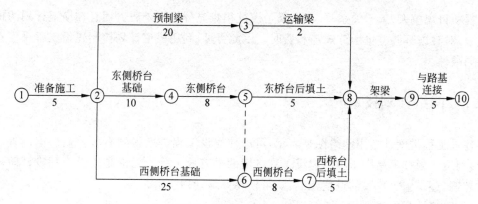

图 2-8　某桥梁工程施工进度双代号网络计划

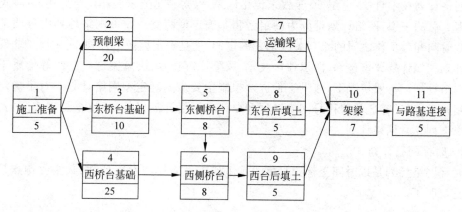

图 2-9　某桥梁工程施工进度单代号网络计划

2）通过网络计划时间参数的计算，可以找出关键线路和关键工作

在关键线路法（CPM）中，关键线路是指在网络计划中从起点节点开始，沿箭线方向通过一系列箭线与节点，最后到达终点节点为止所形成的通路上所有工作持续时间总和最大的线路。关键线路上各项工作持续时间总和即为网络计划的工期，关键线路上的工作就是关键工作，关键工作的进度将直接影响到网络计划的工期。通过时间参数的计算，能够明确网络计划中的关键线路和关键工作，也就明确了工程进度控制中的工作重点，这对提高建设工程进度控制的效果具有非常重要的意义。

3）通过网络计划时间参数的计算，可以明确各项工作的机动时间

所谓工作的机动时间，是指在执行进度计划时除完成任务所必需的时间外尚剩余的、可供利用的富余时间，也称"时差"。在一般情况下，除关键工作外，其他各项工作（非关键工作）均有富余时间。这种富余时间可视为一种"潜力"，既可以用来支援关键工作，也可以用来优化网络计划，降低单位时间资源需求量。

4）网络计划可以利用计算机进行计算、优化和调整

对进度计划进行优化和调整是工程进度控制工作中的一项重要内容。如果仅靠手工进行计算、优化和调整是非常困难的，必须借助于计算机。而且由于影响建设工程进度的因素有很多，只有利用计算机进行进度计划的优化和调整，才能适应实际变化的要求。网络计划就是这样一种模型，它能使进度控制人员利用计算机对工程进度计划进行计算、优化和调整。正是由于网络计划的这一特点，使其成为最有效的进度控制方法，从而受到普遍重视。

当然，网络计划也有其不足之处，比如不像横道计划那么直观明了等，但这可以通过绘制时标网络计划得到弥补。

2.2.3 建设工程进度计划的编制程序

当应用网络计划技术编制建设工程进度计划时，其编制程序一般包括四个阶段。

1. 计划准备阶段

1）调查研究

调查研究的目的是为了掌握足够充分、准确的资料，从而为确定合理的进度目标、编制科学的进度计划提供可靠的依据。调查研究的内容包括：工程任务情况、实施条件、设计资料；有关标准、定额、规程、制度；资源需求与供应情况；资金需求与供应情况；有关统计资料、经验总结及历史资料等。

调查研究的方法有：实际观察、测算、询问；会议调查；资料检索；分析预测等。

2）确定进度计划目标

网络计划的目标由工程项目的目标所决定，一般可分为以下三类。

（1）时间目标。

（2）时间—资源目标。

（3）时间—成本目标。

2. 绘制网络图阶段

绘制网络图阶段工作内容包括：进行项目分解；分析逻辑关系；绘制网络图。

3. 计算时间参数及确定关键线路阶段

1）计算工作持续时间

工作持续时间是指完成该工作所花费的时间。其计算方法有多种,既可以凭以往的经验进行估算,也可以通过试验推算。当有定额可用时,还可利用时间定额或产量定额并考虑工作面及合理的劳动组织进行计算。

时间定额是指某种专业的工人班组或个人,在合理的劳动组织与合理使用材料的条件下,完成符合质量要求的单位产品所必需的工作时间,包括准备与结束时间、基本生产时间、辅助生产时间、不可避免的中断时间及工人必需的休息时间。时间定额通常以工日为单位,每一工日按 8h 计算。

2）计算网络计划时间参数

网络计划是指在网络图上加注各项工作的时间参数而形成的工作进度计划。网络计划时间参数一般包括:工作最早开始时间、工作最早完成时间、工作最迟开始时间、工作最迟完成时间、工作总时差、工作自由时差、节点最早时间、节点最迟时间、相邻两项工作之间的时间间隔、计算工期等。应根据网络计划的类型及其使用要求选算上述时间参数。网络计划时间参数的计算方法有图上计算法、表上计算法、公式法等。

3）确定关键线路和关键工作

在计算网络计划时间参数的基础上,便可根据有关时间参数确定网络计划中的关键线路和关键工作。其确定方法详见本书单元 3 有关内容。

4. 网络计划优化阶段

1）优化网络计划

当初始网络计划的工期满足所要求的工期及资源需求量能得到满足而无须进行网络优化时,初始网络计划即可作为正式的网络计划。否则,需要对初始网络计划进行优化。根据所追求的目标不同,网络计划的优化包括工期优化、费用优化和资源优化三种。应根据工程的实际需要选择不同的优化方法。网络计划的优化方法详见本书单元 3。

2）编制优化后网络计划

根据网络计划的优化结果,便可绘制优化后的网络计划,同时编制网络计划说明书。网络计划说明书的内容应包括:编制原则和依据;主要计划指标一览表;执行计划的关键问题;需要解决的主要问题及其主要措施,以及其他需要说明的问题。

单元 *3*　网　络　计　划

3.1　网络图基本概念

建设工程进度控制工作中,较多地采用确定型网络计划。确定型网络计划的基本原理是:首先,利用网络图形式表达一项工程计划方案中各项工作之间的相互关系和先后顺序关系;其次,通过计算找出影响工期的关键线路和关键工作;再次,通过不断调整网络计划,寻求最优方案并付诸实施;最后,在计划实施过程中采取有效措施对其进行控制,以合理使用资源,高效、优质、低耗地完成预定任务。由此可见,网络计划技术不仅是一种科学的计划方法,同时也是一种科学的动态控制方法。

1. 网络图的组成

网络图是由箭线和节点组成,用来表示工作流程的有向、有序网状图形。一个网络图表示一项计划任务。网络图中的工作是计划任务按需要粗细程度划分而成的、消耗时间或同时也消耗资源的一个子项目或子任务。工作可以是单位工程,也可以是分部工程、分项工程;一个施工过程也可以作为一项工作。在一般情况下,完成一项工作既需要消耗时间,也需要消耗劳动力、原材料、施工机具等资源。但也有一些工作只消耗时间而不消耗资源,如混凝土浇筑后的养护过程和墙面抹灰后的干燥过程等。

网络图有双代号网络图和单代号网络图两种。双代号网络图又称箭线式网络图,它是以箭线及其两端节点的编号表示工作,同时,节点表示工作的开始或结束以及工作之间的连接状态。单代号网络图又称节点式网络图,它是以节点及其编号表示工作,箭线表示工作之间的逻辑关系。网络图中工作的表示方法如图 3-1 和图 3-2 所示。

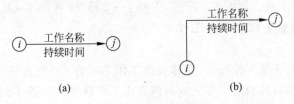

图 3-1　双代号网络图中工作的表示方法

网络图中的节点都必须有编号,其编号严禁重复,并应使每一条箭线上箭尾节点编号小于箭头节点编号。

在双代号网络图中,一项工作必须有唯一的一条箭线和相应的一对不重复出现的箭尾、箭头节点编号。因此,一项工作的名称可以用其箭尾和箭头节点编号来表示。而在单代号网络图中,一项工作必须有唯一的一个节点及相应的一个代号,该工作的名称可以用其节点

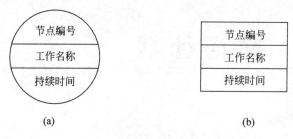

图 3-2 单代号网络图中工作的表示方法

编号来表示。

在双代号网络图中,有时存在虚箭线,虚箭线不代表实际工作,称为虚工作。虚工作既不消耗时间,也不消耗资源。虚工作主要用来表示相邻两项工作之间的逻辑关系。但有时为了避免两项同时开始、同时进行的工作具有相同的开始节点和完成节点,也需要用虚工作加以区分。

在单代号网络图中,虚拟工作只能出现在网络图的起点节点或终点节点处。

2. 工艺关系和组织关系

工艺关系和组织关系是工作之间的先后顺序关系——逻辑关系的组成部分。

1) 工艺关系

生产性工作之间由工艺过程决定的、非生产性工作之间由工作程序决定的先后顺序关系称为工艺关系。如图 3-3 所示,支模 1→扎筋 1→混凝土 1 为工艺关系。

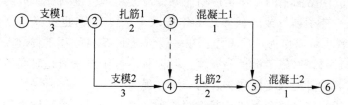

图 3-3 某混凝土工程双代号网络计划

2) 组织关系

工作之间由于组织安排需要或资源(劳动力、原材料、施工机具等)调配需要而规定的先后顺序关系称为组织关系。如图 3-3 所示,支模 1→支模 2;扎筋 1→扎筋 2 等为组织关系。

3. 紧前工作、紧后工作和平行工作

1) 紧前工作

在网络图中,相对于某工作而言,紧排在该工作之前的工作称为该工作的紧前工作。在双代号网络图中,工作与其紧前工作之间可能有虚工作存在。如图 3-3 所示,支模 1 是支模 2 在组织关系上的紧前工作;扎筋 1 和扎筋 2 之间虽然存在虚工作,但扎筋 1 仍然是扎筋 2 在组织关系上的紧前工作。支模 1 则是扎筋 1 在工艺关系上的紧前工作。

2) 紧后工作

在网络图中,相对于某工作而言,紧排在该工作之后的工作称为该工作的紧后工作。在双代号网络图中,工作与其紧后工作之间也可能存在虚工作。如图 3-3 所示,扎筋 2 是扎筋 1 在组织关系上的紧后工作;混凝土 1 是扎筋 1 在工艺关系上的紧后工作。

3）平行工作

在网络图中，相对于某工作而言，可以与该工作同时进行的工作即为该工作的平行工作。如图3-3所示，扎筋1和支模2互为平行工作。

紧前工作、紧后工作及平行工作是工作之间逻辑关系的具体表现，只要能根据工作之间的工艺关系和组织关系明确其紧前或紧后关系，即可据此绘出网络图。工作之间逻辑关系是正确绘制网络图的前提条件。

4. 先行工作和后续工作

1）先行工作

相对于某工作而言，从网络图的第一个节点（起点节点）开始，顺箭头方向经过一系列箭线与节点到达该工作为止的各条通路上的所有工作，都称为该工作的先行工作。如图3-3所示，支模1、扎筋1、混凝土1、支模2、扎筋2均为混凝土2的先行工作。

2）后续工作

相对于某工作而言，从该工作之后开始，顺箭头方向经过一系列箭线与节点到网络图最后一个节点（终点节点）的各条通路上的所有工作，都称为该工作的后续工作。如图3-3所示，扎筋1的后续工作有混凝土1、扎筋2和混凝土2。

在建设工程进度控制中，后续工作是一个非常重要的概念。在工程网络计划实施过程中，如果发现某项工作进度出现拖延，则受影响的工作必然是该工作的后续工作。

5. 线路、关键线路和关键工作

1）线路

网络图中从起点节点开始，沿箭头方向顺序通过一系列箭线与节点，最后到达终点节点的通路称为线路。线路既可依次用该线路上的节点编号来表示，也可依次用该线路上的工作名称来表示。如图3-3所示，该网络图中有三条线路，这三条线路既可表示为：①→②→③→⑤→⑥、①→②→③→④→⑤→⑥和①→②→④→⑤→⑥，也可表示为：支模1→扎筋1→混凝土1→混凝土2、支模1→扎筋1→扎筋2→混凝土2和支模1→支模2→扎筋2→混凝土2。

2）关键线路和关键工作

在关键线路法中，线路上所有工作的持续时间总和称为该线路的总持续时间。总持续时间最长的线路称为关键线路，关键线路的长度就是网络计划的总工期。如图3-3所示，线路①→②→④→⑤→⑥或支模1→支模2→扎筋2→混凝土2为关键线路。

在工程网络计划中，关键线路可能不止一条。而且在工程网络计划实施过程中，关键线路还会发生转移。

关键线路上的工作称为关键工作。在工程网络计划实施过程中，关键工作的实际进度提前或拖后，均会对总工期产生影响。因此，关键工作的实际进度是建设工程进度控制的工作重点。

3.2　网络计划时间参数的计算

网络计划是指在网络图上加注时间参数而编制的进度计划。网络计划时间参数的计算应在各项工作的持续时间确定之后进行。

3.2.1 网络计划时间参数的概念

时间参数是指网络计划、工作及节点所具有的各种时间值。

1. 工作持续时间和工期

1）工作持续时间

工作持续时间是指一项工作从开始到完成的时间。在双代号网络计划中，工作 $i-j$ 的持续时间用 D_{i-j} 表示；在单代号网络计划中，工作 i 的持续时间用 D_i 表示。

2）工期

工期泛指完成一项任务所需要的时间。在网络计划中，工期一般有以下三种。

（1）计算工期。计算工期是根据网络计划时间参数计算而得到的工期，用 T_c 表示。

（2）要求工期。要求工期是任务委托人所提出的指令性工期，用 T_r 表示。

（3）计划工期。计划工期是指根据要求工期和计算工期所确定的作为实施目标的工期，用 T_p 表示。

① 当已规定了要求工期时，计划工期不应超过要求工期，即

$$T_p \leqslant T_r \tag{3-1}$$

② 当未规定要求工期时，可令计划工期等于计算工期，即

$$T_p = T_c \tag{3-2}$$

2. 工作的六个时间参数

除工作持续时间外，网络计划中工作的六个时间参数是：最早开始时间、最早完成时间、最迟完成时间、最迟开始时间、总时差和自由时差。

1）最早开始时间和最早完成时间

工作的最早开始时间是指在其所有紧前工作全部完成后，本工作有可能开始的最早时刻。工作的最早完成时间是指在其所有紧前工作全部完成后，本工作有可能完成的最早时刻。工作的最早完成时间等于本工作的最早开始时间与其持续时间之和。

在双代号网络计划中，工作 $i-j$ 的最早开始时间和最早完成时间分别用 ES_{i-j} 和 EF_{i-j} 表示；在单代号网络计划中，工作 i 的最早开始时间和最早完成时间分别用 ES_i 和 EF_i 表示。

2）最迟完成时间和最迟开始时间

工作的最迟完成时间是指在不影响整个任务按期完成的前提下，本工作必须完成的最迟时刻。工作的最迟开始时间是指在不影响整个任务按期完成的前提下，本工作必须开始的最迟时刻。工作的最迟开始时间等于本工作的最迟完成时间与其持续时间之差。

在双代号网络计划中，工作 $i-j$ 的最迟完成时间和最迟开始时间分别用 LF_{i-j} 和 LS_{i-j} 表示；在单代号网络计划中，工作 i 的最迟完成时间和最迟开始时间分别用 LS_i 和 LF_i 表示。

3）总时差和自由时差

工作的总时差是指在不影响总工期的前提下，本工作可以利用的机动时间。在双代号网络计划中，工作 $i-j$ 的总时差用 TF_{i-j} 表示；在单代号网络计划中，工作 i 的总时差用 TF_i 表示。

工作的自由时差是指在不影响其紧后工作最早开始时间的前提下,本工作可以利用的机动时间。在双代号网络计划中,工作 $i-j$ 的自由时差用 FF_{i-j} 表示;在单代号网络计划中,工作 i 的自由时差用 FF_i 表示。

从总时差和自由时差的定义可知,对于同一项工作而言,自由时差不会超过总时差。当工作的总时差为零时,其自由时差必然为零。

在网络计划的执行过程中,工作的自由时差是该工作可以自由使用的时间。但是,如果利用某项工作的总时差,则有可能使该工作后续工作的总时差减小。

3. 节点最早时间和最迟时间

1) 节点最早时间

节点最早时间是指在双代号网络计划中,以该节点为开始节点的各项工作的最早开始时间。节点 i 的最早时间用 ET_i 表示。

2) 节点最迟时间

节点最迟时间是指在双代号网络计划中,以该节点为完成节点的各项工作的最迟完成时间。节点 j 的最迟时间用 LT_j 表示。

4. 相邻两项工作之间的时间间隔

相邻两项工作之间的时间间隔是指本工作的最早完成时间与其紧后工作最早开始时间之间可能存在的差值。工作 i 与工作 j 之间的时间间隔用 $LAG_{i,j}$ 表示。

3.2.2 双代号网络计划时间参数的计算

双代号网络计划的时间参数既可以按工作计算,也可以按节点计算,下面分别以简例说明。

1. 按工作计算法

所谓按工作计算法,就是以网络计划中的工作为对象,直接计算各项工作的时间参数。这些时间参数包括:工作的最早开始时间和最早完成时间、工作的最迟开始时间和最迟完成时间、工作的总时差和自由时差。此外,还应计算网络计划的计算工期。

为了简化计算,网络计划时间参数中的开始时间和完成时间都应以时间单位的终了时刻为标准。如第3天开始是指第3天终了(下班)时刻开始,实际上是第4天上班时刻才开始;第5天完成即是指第5天终了(下班)时刻完成。

下面以图3-4所示双代号网络计划为例,说明按工作计算法计算时间参数的过程。其计算结果如图3-5所示。

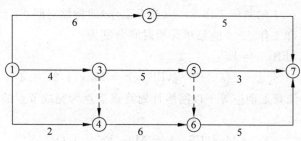

图 3-4　双代号网络计划

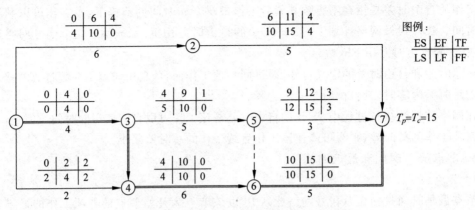

图 3-5 双代号网络计划(六时标注法)

1) 计算工作的最早开始时间和最早完成时间

(1) 工作最早开始时间和最早完成时间的计算应从网络计划的起点节点开始,顺着箭线方向依次进行。其计算步骤如下。

以网络计划起点节点为开始节点的工作,当未规定其最早开始时间时,其最早开始时间为零。例如,工作 1—2、工作 1—3 和工作 1—4 的最早开始时间都为零,即

$$\mathrm{ES}_{1-2} = \mathrm{ES}_{1-3} = \mathrm{ES}_{1-4} = 0$$

(2) 工作的最早完成时间可利用公式(3-3)进行计算

$$\mathrm{EF}_{i-j} = \mathrm{ES}_{i-j} + D_{i-j} \tag{3-3}$$

式中：EF_{i-j}——工作 $i-j$ 的最早完成时间;

ES_{i-j}——工作 $i-j$ 的最早开始时间;

D_{i-j}——工作 $i-j$ 的持续时间。

例如,工作 1—2、工作 1—3 和工作 1—4 的最早完成时间分别为

工作 1—2： $\mathrm{EF}_{1-2} = \mathrm{ES}_{1-2} + D_{1-2} = 0+6=6$

工作 1—3： $\mathrm{EF}_{1-3} = \mathrm{ES}_{1-3} + D_{1-3} = 0+4=4$

工作 1—4： $\mathrm{EF}_{1-4} = \mathrm{ES}_{1-4} + D_{1-4} = 0+2=2$

(3) 其他工作的最早开始时间应等于其紧前工作最早完成时间的最大值,即

$$\mathrm{ES}_{i-j} = \mathrm{Max}\{\mathrm{EF}_{h-i}\} = \mathrm{Max}\{\mathrm{ES}_{h-i} + D_{h-i}\} \tag{3-4}$$

式中：ES_{i-j}——工作 $i-j$ 的最早开始时间;

EF_{h-i}——工作 $i-j$ 的紧前工作 $h-i$(非虚工作)的最早完成时间;

ES_{h-i}——工作 $i-j$ 的紧前工作 $h-i$(非虚工作)的最早开始时间;

D_{h-i}——工作 $i-j$ 的紧前工作 $h-i$(非虚工作)的持续时间。

例如,工作 3—5 和工作 4—6 的最早开始时间分别为

$$\mathrm{ES}_{3-5} = \mathrm{EF}_{1-3} = 4$$

$$\mathrm{ES}_{4-6} = \mathrm{Max}\{\mathrm{EF}_{1-3}, \mathrm{EF}_{1-4}\} = \mathrm{Max}\{4,2\} = 4$$

(4) 网络计划的计算工期应等于以网络计划终点节点为完成节点的工作的最早完成时间的最大值,即

$$T_c = \mathrm{Max}\{\mathrm{EF}_{i-n}\} = \mathrm{Max}\{\mathrm{ES}_{i-n} + D_{i-n}\} \tag{3-5}$$

式中：T_c——网络计划的计算工期；

    EF_{i-n}——以网络计划终点节点 n 为完成节点的工作的最早完成时间；

    ES_{i-n}——以网络计划终点节点 n 为完成节点的工作的最早开始时间；

    D_{i-n}——以网络计划终点节点 n 为完成节点的工作的持续时间。

例如，网络计划的计算工期为

$$T_c = \text{Max}\{EF_{2-7}, EF_{5-7}, EF_{6-7}\} = \text{Max}\{11, 12, 15\} = 15$$

2）确定网络计划的计划工期

网络计划的计划工期应按公式(3-1)或公式(3-2)确定。假设未规定要求工期，则其计划工期就等于计算工期，即

$$T_p = T_c = 15$$

计划工期应标注在网络计划终点节点的右上方，如图3-5所示。

3）计算工作的最迟完成时间和最迟开始时间

工作最迟完成时间和最迟开始时间的计算应从网络计划的终点节点开始，逆着箭线方向依次进行。其计算步骤如下。

(1) 以网络计划终点节点为完成节点的工作，其最迟完成时间等于网络计划的计划工期，即

$$LF_{i-n} = T_p \tag{3-6}$$

式中：LF_{i-n}——以网络计划终点节点 n 为完成节点的工作的最迟完成时间；

    T_p——网络计划的计划工期。

例如，工作 $2-7$、工作 $5-7$ 和工作 $6-7$ 的最迟完成时间为

$$LF_{2-7} = LF_{5-7} = LF_{6-7} = T_p = 15$$

(2) 工作的最迟开始时间可利用公式(3-7)进行计算：

$$LS_{i-j} = LF_{i-j} - D_{i-j} \tag{3-7}$$

式中：LS_{i-j}——工作 $i-j$ 的最迟开始时间；

    LF_{i-j}——工作 $i-j$ 的最迟完成时间；

    D_{i-j}——工作 $i-j$ 的持续时间。

例如，工作 $2-7$、工作 $5-7$ 和工作 $6-7$ 的最迟开始时间分别为

$$LS_{2-7} = LF_{2-7} - D_{2-7} = 15 - 5 = 10$$
$$LS_{5-7} = LF_{5-7} - D_{5-7} = 15 - 3 = 12$$
$$LS_{6-7} = LF_{6-7} - D_{6-7} = 15 - 5 = 10$$

(3) 其他工作的最迟完成时间应等于其紧后工作最迟开始时间的最小值，即

$$LF_{i-j} = \text{Min}\{LS_{j-k}\} = \text{Min}\{LF_{j-k} - D_{j-k}\} \tag{3-8}$$

式中：LF_{i-j}——工作 $i-j$ 的最迟完成时间；

    LS_{j-k}——工作 $i-j$ 的紧后工作 $j-k$（非虚工作）的最迟开始时间；

    LF_{j-k}——工作 $i-j$ 的紧后工作 $j-k$（非虚工作）的最迟完成时间；

    D_{j-k}——工作 $i-j$ 的紧后工作 $j-k$（非虚工作）的持续时间。

例如，工作 $3-5$ 和工作 $4-6$ 的最迟完成时间分别为

$$LF_{3-5} = \text{Min}\{LS_{5-7}, LS_{6-7}\} = \text{Min}\{12, 10\} = 10$$
$$LF_{4-6} = LS_{6-7} = 10$$

4）计算工作的总时差

计算工作的总时差等于该工作最迟完成时间与最早完成时间之差，或该工作最迟开始时间与最早开始时间之差，即

$$TF_{i-j} = LF_{i-j} - EF_{i-j} = LS_{i-j} - ES_{i-j} \qquad (3-9)$$

式中：TF_{i-j}——工作 $i-j$ 的总时差；其余符号同前。

例如，工作 3—5 的总时差为

$$TF_{3-5} = LF_{3-5} - EF_{3-5} = 10 - 9 = 1$$

或

$$TF_{3-5} = LS_{3-5} - ES_{3-5} = 5 - 4 = 1$$

5）计算工作的自由时差

工作自由时差的计算应按以下两种情况分别考虑。

（1）对于有紧后工作的工作，其自由时差等于本工作之紧后工作最早开始时间减本工作最早完成时间所得之差的最小值，即

$$FF_{i-j} = Min\{ES_{j-k} - EF_{i-j}\}$$
$$= Min\{ES_{j-k} - ES_{i-j} - D_{i-j}\} \qquad (3-10)$$

式中：FF_{i-j}——工作 $i-j$ 的自由时差；

ES_{j-k}——工作 $i-j$ 的紧后工作了 $j-k$（非虚工作）的最早开始时间；

EF_{i-j}——工作 $i-j$ 的最早完成时间；

ES_{i-j}——工作 $i-j$ 的最早开始时间；

D_{i-j}——工作 $i-j$ 的持续时间

例如，工作 1—4 和工作 3—5 的自由时差分别为

$$FF_{1-4} = ES_{4-6} - EF_{1-4} = 4 - 2 = 2$$
$$FF_{3-5} = Min\{ES_{5-7} - EF_{3-5}, ES_{6-7} - EF_{3-5}\}$$
$$= Min\{9 - 9, 10 - 9\}$$
$$= 0$$

（2）对于无紧后工作的工作，也就是以网络计划终点节点为完成节点的工作，其自由时差等于计划工期与本工作最早完成时间之差，即

$$FF_{i-n} = T_p - EF_{i-n} = T_p - ES_{i-n} - D_{i-n} \qquad (3-11)$$

式中：FF_{i-n}——以网络计划终点节点 n 为完成节点的工作 $i-n$ 的自由时差；

T_p——网络计划的计划工期；

EF_{i-n}——以网络计划终点节点 n 为完成节点的工作 $i-n$ 的最早完成时间；

ES_{i-n}——以网络计划终点节点 n 为完成节点的工作 $i-n$ 的最早开始时间；

D_{i-n}——以网络计划终点节点 n 为完成节点的工作 $i-n$ 的持续时间。

例如，工作 2—7、工作 5—7 和工作 6—7 的自由时差分别为

$$FF_{2-7} = T_p - EF_{2-7} = 15 - 11 = 4$$
$$FF_{5-7} = T_p - EF_{5-7} = 15 - 12 = 3$$
$$FF_{6-7} = T_p - EF_{6-7} = 15 - 15 = 0$$

需要指出的是，对于网络计划中以终点节点为完成节点的工作，其自由时差与总时差相等。此外，由于工作的自由时差是其总时差的构成部分，所以，当工作的总时差为零时，其自

由时差必然为零,可不必进行专门计算。例如在本例中,工作 1—3、工作 4—6 和工作 6—7 的总时差全部为零,故其自由时差也全部为零。

6) 确定关键工作和关键线路

在网络计划中,总时差最小的工作为关键工作。特别地,当网络计划的计划工期等于计算工期时,总时差为零的工作就是关键工作。例如,在本例中,工作 1—3、工作 4—6 和工作 6—7 的总时差均为零,故为关键工作。

找出关键工作之后,将这些关键工作首尾相连,便构成从起点节点到终点节点的通路,位于该通路上各项工作的持续时间总和最大,这条通路就是关键线路。在关键线路上可能存在虚工作。

关键线路一般用粗箭线或双线箭线标出,也可以用彩色箭线标出。例如,在本例中,线 ①→③→④→⑥→⑦ 即为关键线路。关键线路上各项工作的持续时间总和应等于网络计划的计算工期,这一特点也是判别关键线路是否正确的准则。

上述计算过程是将每项工作的六个时间参数均标注在图中,故称为六时标注法,如图 3-5 所示。为使网络计划的图面更加简洁,在双代号网络计划中,除各项工作的持续时间以外,通常只需标注两个最基本的时间参数——各项工作的最早开始时间和最迟开始时间即可,而工作的其他四个时间参数(最早完成时间、最迟完成时间、总时差和自由时差)均可根据工作的最早开始时间、最迟开始时间及持续时间导出。这种方法称为二时标注法,如图 3-6 所示。

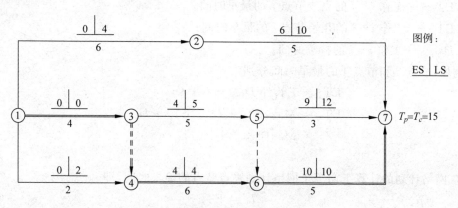

图 3-6　双代号网络计划(二时标注法)

2. 按节点计算法

按节点计算法就是先计算网络计划中各个节点的最早时间和最迟时间,然后再据此计算各项工作的时间参数和网络计划的计算工期。

下面仍以图 3-4 所示双代号网络计划为例,说明按节点计算法计算时间参数的过程。

其计算结果如图 3-7 所示。

1) 计算节点的最早时间和最迟时间

(1) 计算节点的最早时间

节点最早时间的计算应从网络计划的起点节点开始,顺着箭线方向依次进行。其计算步骤如下。

① 网络计划起点节点,如未规定最早时间,其值等于零。例如,起点节点①的最早时间

为零,即

$$ET_1 = 0$$

② 其他节点的最早时间应按公式(3-12)进行计算:

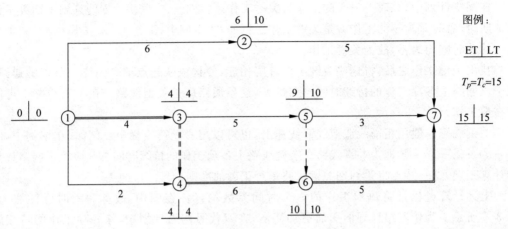

图 3-7 双代号网络计划(按节点计算法)

$$ET_j = Max\{ET_i + D_{i-j}\} \qquad (3\text{-}12)$$

式中:ET_j——工作 $i-j$ 的完成节点 j 的最早时间;

ET_i——工作 $i-j$ 的开始节点 i 的最早时间;

D_{i-j}——工作 $i-j$ 的持续时间。

例如,节点③和节点④的最早时间分别为

$$ET_3 = ET_1 + D_{1-3} = 0 + 4 = 4$$
$$ET_4 = Max\{ET_1 + D_{1-4}, ET_3 + D_{3-4}\}$$
$$= Max\{0 + 2, 4 + 0\}$$
$$= 4$$

③ 网络计划的计算工期等于网络计划终点节点的最早时间,即

$$T_c = ET_n \qquad (3\text{-}13)$$

式中:T_c——网络计划的计算工期;

ET_n——网络计划终点节点的最早时间。

例如,其计算工期为

$$T_c = ET_7 = 15 \qquad (3\text{-}14)$$

(2) 确定网络计划的计划工期

网络计划的计划工期应按公式(3-1)或公式(3-2)确定。假设未规定要求工期,则其计划工期就等于计算工期,即

$$T_p = T_c = 15$$

计划工期应标注在终点节点的右上方,如图 3-7 所示。

(3) 计算节点的最迟时间

节点最迟时间的计算应从网络计划的终点节点开始,逆着箭线方向依次进行。其计算

步骤如下。

网络计划终点节点的最迟时间等于网络计划的计划工期,即

$$LT_n = T_p \tag{3-15}$$

式中:LT_n——网络计划终点节点 n 的最迟时间;

T_p——网络计划的计划工期。

例如,终点节点⑦的最迟时间为

$$LT_7 = T_p = 15$$

其他节点的最迟时间应按公式(3-16)进行计算:

$$LT_i = Min\{LT_j - D_{i-j}\} \tag{3-16}$$

式中:LT_i——工作 $i-j$ 的开始节点 i 的最迟时间;

LT_j——工作 $i-j$ 的完成节点 j 的最迟时间;

D_{i-j}——工作 $i-j$ 的持续时间。

例如在本例中,节点⑥和节点⑤的最迟时间分别为

$$LT_6 = LT_7 - D_{6-7} = 15 - 5 = 10$$
$$LT_5 = Min\{LT_6 - D_{5-6}, LT_7 - D_{5-7}\}$$
$$= Min\{10 - 0, 15 - 3\}$$
$$= 10$$

2)根据节点的最早时间和最迟时间判定工作的六个时间参数

(1)工作的最早开始时间等于该工作开始节点的最早时间,即

$$ES_{i-j} = ET_i \tag{3-17}$$

例如在本例中,工作 1-2 和工作 2-7 的最早开始时间分别为

$$ES_{1-2} = ET_1 = 0$$
$$ES_{2-7} = ET_2 = 6$$

(2)工作的最早完成时间等于该工作开始节点的最早时间与其持续时间之和,即

$$EF_{i-j} = ET_i + E_{i-j} \tag{3-18}$$

例如在本例中,工作 1-2 和工作 2-7 的最早完成时间分别为

$$EF_{1-2} = ET_1 + D_{1-2} = 0 + 6 = 6$$
$$EF_{2-7} = ET_2 + D_{2-7} = 6 + 5 = 11$$

(3)工作的最迟完成时间等于该工作完成节点的最迟时间,即

$$LF_{i-j} = LT_j \tag{3-19}$$

例如,工作 1-2 和工作 2-7 的最迟完成时间分别为

$$LF_{1-2} = LT_2 = 10$$
$$LF_{2-7} = LT_7 = 15$$

(4)工作的最迟开始时间等于该工作完成节点的最迟时间与其持续时间之差,即

$$LS_{i-j} = LT_j - D_{i-j} \tag{3-20}$$

例如在本例中,工作 1-2 和工作 2-7 的最迟开始时间分别为

$$LS_{1-2} = LT_2 - D_{1-2} = 10 - 6 = 4$$
$$LS_{2-7} = LT_7 - D_{2-7} = 15 - 5 = 10$$

(5)工作的总时差可根据公式(3-9)、公式(3-18)、公式(3-19)得到:

$$TF_{i-j} = LF_{i-j} - EF_{i-j}$$
$$= LT_j - (ET_i + D_{i-j})$$
$$= LT_j - ET_i - D_{i-j} \tag{3-21}$$

由公式(3-21)可知,工作的总时差等于该工作完成节点的最迟时间减去该工作开始节点的最早时间所得差值再减其持续时间。例如,在本例中,工作 1—2 和工作 3—5 的总时差分别为

$$TF_{1-2} = LT_2 - ET_1 - D_{1-2} = 10 - 0 - 6 = 4$$
$$TF_{3-5} = LT_5 - ET_3 - D_{3-5} = 10 - 4 - 5 = 1$$

(6) 工作的自由时差可根据公式(3-10)和公式(3-17)得到:

$$FF_{i-j} Min\{ES_{j-k} - ES_{i-j} - D_{i-j}\}$$
$$= Min\{ES_{j-k} - ES_{i-j} - D_{i-j}\}$$
$$= Min\{ET_j\} - ET_i - D_{i-j} \tag{3-22}$$

由公式(3-22)可知,工作的自由时差等于该工作完成节点的最早时间减去该工作开始节点的最早时间所得差值再减其持续时间。例如,在本例中,工作 1—2 和 3—5 的自由时差分别为

$$FF_{1-2} = ET_2 - ET_1 - D_{1-2} = 6 - 0 - 6 = 0$$
$$FF_{3-5} = ET_5 - ET_3 - D_{3-5} = 9 - 4 - 5 = 0$$

特别需要注意的是,如果本工作与其各紧后工作之间存在虚工作时,其中的 ET_j 应为本工作紧后工作开始节点的最早时间,而不是本工作完成节点的最早时间。

3) 确定关键线路和关键工作

在双代号网络计划中,关键线路上的节点称为关键节点。关键工作两端的节点必为关键节点,但两端为关键节点的工作不一定是关键工作。关键节点的最迟时间与最早时间的差值最小。特别地,当网络计划的计划工期等于计算工期时,关键节点的最早时间与最迟时间必然相等。例如,在本例中,节点①、③、④、⑥、⑦就是关键节点。关键节点必然处在关键线路上,但由关键节点组成的线路不一定是关键线路。例如,在本例中,由关键节点①、④、⑥、⑦组成的线路就不是关键线路。

当利用关键节点判别关键线路和关键工作时,还要满足下列判别式:

$$ET_i + D_{i-j} = ET_j \tag{3-23}$$

或

$$LT_i + D_{i-j} = LT_j \tag{3-24}$$

式中:ET_i——工作 $i-j$ 的开始节点(关键节点)i 的最早时间;

D_{i-j}——工作 $i-j$ 的持续时间;

ET_j——工作 $i-j$ 的完成节点(关键节点)j 的最早时间;

LT_i——工作 $i-j$ 的开始节点(关键节点)i 的最迟时间;

LT_j——工作 $i-j$ 的完成节点(关键节点)j 的最迟时间。

如果两个关键节点之间的工作符合上述判别式,则该工作必然为关键工作,它应该在关键线路上,否则,该工作就不是关键工作,关键线路也就不会从此处通过。例如,在本例中,工作 1—3、虚工作 3—4、工作 4—6 和工作 6—7 均符合上述判别式,故线路①→③→④→⑥→⑦为关键线路。

4）关键节点的特性

在双代号网络计划中,当计划工期等于计算工期时,关键节点具有以下一些特性,掌握这些特性,有助于确定工作时间参数。

（1）开始节点和完成节点均为关键节点的工作,不一定是关键工作。例如在图 3-7 所示网络计划中,节点①和节点④为关键节点,但工作 1—4 为非关键工作。由于其两端为关键节点,机动时间不可能为其他工作所利用,故其总时差和自由时差均为 2。

（2）以关键节点为完成节点的工作,其总时差和自由时差必然相等。例如在图 3-7 所示网络计划中,工作 1—4 的总时差和自由时差均为 2；工作 2—7 的总时差和自由时差均为 4；工作 5—7 的总时差和自由时差均为 3。

（3）当两个关键节点间有多项工作,且工作间的非关键节点无其他内向箭线和外向箭线时,则两个关键节点间各项工作的总时差均相等。在这些工作中,除以关键节点为完成节点的工作自由时差等于总时差外,其余工作的自由时差均为零。例如在图 3-7 所示网络计划中,工作 1—2 和工作 2—7 的总时差均为 4。工作 2—7 的自由时差等于总时差,而工作 1—2 的自由时差为零。

（4）当两个关键节点间有多项工作,且工作间的非关键节点有外向箭线而无其他内向箭线时,则两个关键节点间各项工作的总时差不一定相等。在这些工作中,除以关键节点为完成节点的工作自由时差等于总时差外,其余工作的自由时差均为零。例如在图 3-7 所示网络计划中,工作 3—5 和工作 5—7 的总时差分别为 1 和 3。工作 5—7 的自由时差等于总时差,而工作 3—5 的自由时差为零。

3. 标号法

标号法是一种快速寻求网络计划计算工期和关键线路的方法。标号法利用按节点计算法的基本原理,对网络计划中的每一个节点进行标号,然后利用标号值确定网络计划的计算工期和关键线路。

下面仍以图 3-4 所示网络计划为例,说明标号法的计算过程。其计算结果如图 3-8 所示。

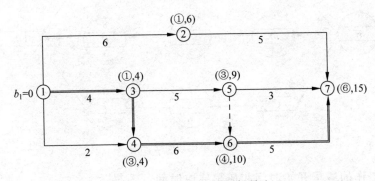

图 3-8　双代号网络计划(标号法)

（1）网络计划起点节点的标号值为零。例如在本例中,节点①的标号值为零,即
$$b_1 = 0$$

（2）其他节点的标号值应根据公式(3-25)按节点编号从小到大的顺序逐个进行计算：
$$b_j = b_i + D_{i-j} \tag{3-25}$$

式中：b_j——工作 $i-j$ 的完成节点 j 的标号值；

　　　b_i——工作 $i-j$ 的开始节点 i 的标号值；

　　　D_{i-j}——工作 $i-j$ 的持续时间。

　　例如在本例中，节点③和节点④的标号值分别为

$$b_3 = b_1 + D_{1-3} = 0 + 4 = 4$$
$$b_4 = \text{Max}\{b_1 + D_{1-4}, b_3 + D_{3-4}\}$$
$$= \text{Max}\{0 + 2, 4 + 0\}$$
$$= 4$$

　　当计算出节点的标号值后，应用其标号值及其源节点对该节点进行双标号。所谓源节点，就是用来确定本节点标号值的节点。例如在本例中，节点④的标号值 4 是由节点③所确定，故节点④的源节点就是节点③。如果源节点有多个，应将所有源节点标出。

　　（3）网络计划的计算工期就是网络计划终点节点的标号值。例如在本例中，其计算工期就等于终点节点⑦的标号值 15。

　　（4）关键线路应从网络计划的终点节点开始，逆着箭线方向按源节点确定。例如在本例中，从终点节点⑦开始，逆着箭线方向按源节点可以找出关键线路为①→③→④→⑥→⑦。

3.2.3　单代号网络计划时间参数的计算

　　单代号网络计划与双代号网络计划只是表现形式不同，它们所表达的内容则完全一样。下面以图 3-9 所示单代号网络计划为例，说明其时间参数的计算过程。计算结果如图 3-10 所示。

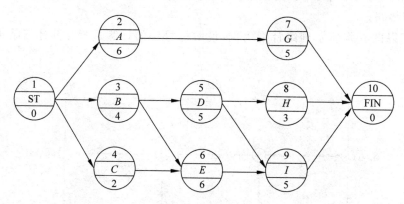

图 3-9　单代号网络计划

1. 计算工作的最早开始时间和最早完成时间

　　工作最早开始时间和最早完成时间的计算应从网络计划的起点节点开始，顺着箭线方向按节点编号从小到大的顺序依次进行。其计算步骤如下。

　　（1）网络计划起点节点所代表的工作，其最早开始时间未规定时取值为零。例如在本例中，起点节点 ST 所代表的工作（虚拟工作）的最早开始时间为零，即

$$ES_1 = 0$$

　　　　　　　　　　　　　　　　　　　　　　　　　　　　　　　　　　　　　（3-26）

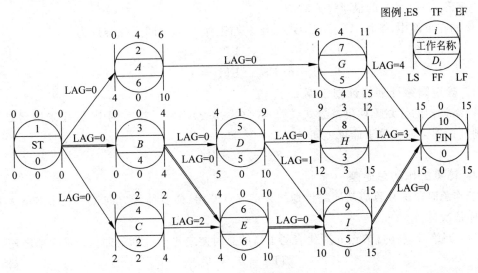

图 3-10 单代号网络计划

（2）工作的最早完成时间等于本工作的最早开始时间与其持续时间之和，即

$$\mathrm{EF}_i = \mathrm{ES}_i + D_i \tag{3-27}$$

式中：EF_i——工作 i 的最早完成时间；

　　ES_i——工作 i 的最早开始时间；

　　D_i——工作 i 的持续时间。

例如在本例中，虚工作 ST 和工作 A 的最早完成时间分别为

$$\mathrm{EF}_1 = \mathrm{ES}_1 + D_1 = 0 + 0 = 0$$
$$\mathrm{EF}_2 = \mathrm{ES}_2 + D_2 = 0 + 6 = 6$$

（3）其他工作的最早开始时间应等于其紧前工作最早完成时间的最大值，即

$$\mathrm{ES}_j = \mathrm{Max}\{\mathrm{EF}_i\} \tag{3-28}$$

式中：ES_j——工作 j 的最早开始时间；

　　EF_i——工作 j 的紧前工作 i 的最早完成时间。

例如在本例中，工作 E 和工作 G 的最早开始时间分别为

$$\mathrm{ES}_6 = \mathrm{Max}\{\mathrm{EF}_3, \mathrm{EF}_4\} = \mathrm{Max}\{4, 2\} = 4$$
$$\mathrm{ES}_7 = \mathrm{EF}_2 = 6$$

（4）网络计划的计算工期等于其终点节点所代表的工作的最早完成时间。例如在本例中，其计算工期为

$$T_c = \mathrm{EF}_{10} = 15$$

2. 计算相邻两项工作之间的时间间隔

相邻两项工作之间的时间间隔是其紧后工作的最早开始时间与本工作最早完成时间的差值，即

$$\mathrm{LAG}_{i,j} = \mathrm{ES}_j - \mathrm{EF}_i \tag{3-29}$$

式中：$\mathrm{LAG}_{i,j}$——工作 i 与其紧后工作 j 之间的时间间隔；

　　ES_j——工作 i 的紧后工作 j 的最早开始时间；

EF_i——工作 i 的最早完成时间。

例如在本例中，工作 A 与工作 G、工作 C 与工作 E 的时间间隔分别为

$$\text{LAG}_{2,7} = \text{ES}_7 - \text{EF}_2 = 6 - 6 = 0$$
$$\text{LAG}_{4,6} = \text{ES}_6 - \text{EF}_4 = 4 - 2 = 2$$

3. 确定网络计划的计划工期

网络计划的计划工期仍按公式(3-1)或公式(3-2)确定。在本例中，假设未规定要求工期，则其计划工期就等于计算工期，即

$$T_p = T_c = 15$$

4. 计算工作的总时差

工作总时差的计算应从网络计划的终点节点开始，逆着箭线方向按节点编号从大到小的顺序依次进行。

(1) 网络计划终点节点 n 所代表的工作的总时差应等于计划工期与计算工期之差，即

$$\text{TF}_n = T_p - T_c \tag{3-30}$$

当计划工期等于计算工期时，该工作的总时差为零。例如在本例中，终点节点⑩所代表的工作 FIN(虚拟工作)的总时差为

$$\text{TF}_{10} = T_p - T_c = 15 - 15 = 0$$

(2) 其他工作的总时差应等于本工作与其紧后工作之间时间间隔加该紧后工作的总时差所得之和的最小值，即

$$\text{TF}_i = \text{Min}\{\text{LAG}_{i,j} + \text{TF}_j\} \tag{3-31}$$

式中：TF_i——工作 i 的总时差；

$\text{LAG}_{i,j}$——工作 i 与其紧后工作 j 之间的时间间隔；

TF_j——工作 i 的紧后工作 j 的总时差。

例如在本例中，工作 D 和工作 G 的自由时差分别为

$$\text{TF}_8 = \text{LAG}_{8,10} + \text{TF}_{10} = 3 + 0 = 3$$
$$\text{TF}_5 = \text{Min}\{\text{LAG}_{5,8} + \text{TF}_8, \text{LAG}_{5,9} + \text{TF}_9\}$$
$$= \text{Min}\{0 + 3, 1 + 0\}$$
$$= 1$$

5. 计算工作的自由时差

(1) 网络计划终点节点 n 所代表的工作的自由时差等于计划工期与本工作的最早完成时间之差，即

$$\text{FF}_n = T_p - \text{EF}_n \tag{3-32}$$

式中：FF_n——终点节点 n 所代表的工作的自由时差；

T_p——网络计划的计划工期；

EF_n——终点节点 n 所代表的工作的最早完成时间(即计算工期)。

例如在本例中，终点节点⑩所代表的工作 FIN(虚拟工作)的自由时差为

$$\text{FF}_{10} = T_p - \text{EF}_{10} = 15 - 15 = 0$$

(2) 其他工作的自由时差等于本工作与其紧后工作之间时间间隔的最小值，即

$$\text{FF}_i = \text{Min}\{\text{LAG}_{i,j}\} \tag{3-33}$$

例如在本例中，工作 D 和工作 G 的自由时差分别为

$$FF_5 = Min\{LAG_{5,8}, LAG_{5,9}\} = Min\{0,1\} = 0$$
$$FF_7 = LAG_{7,10} = 4$$

6. 计算工作的最迟完成时间和最迟开始时间

工作的最迟完成时间和最迟开始时间的计算可按以下两种方法进行。

1）根据总时差计算

工作的最迟完成时间等于本工作的最早完成时间与其总时差之和，即

$$LF_i = EF_i + TF_i \tag{3-34}$$

例如在本例中，工作 D 和工作 G 的最迟完成时间分别为

$$LF_5 = EF_5 + TF_5 = 9 + 1 = 10$$
$$LF_7 = EF_7 + TF_7 = 11 + 4 = 15$$

工作的最迟开始时间等于本工作的最早开始时间与其总时差之和，即

$$LS_i = ES_i + TF_i \tag{3-35}$$

例如在本例中，工作 D 和工作 G 的最迟开始时间分别为

$$LS_5 = ES_5 + TF_5 = 4 + 1 = 5$$
$$LS_7 = ES_7 + TF_7 = 6 + 4 = 10$$

2）根据计划工期计算

工作最迟完成时间和最迟开始时间的计算应从网络计划的终点节点开始，逆着箭线方向按节点编号从大到小的顺序依次进行。

（1）网络计划终点节点 n 所代表的工作的最迟完成时间等于该网络计划的计划工期，即

$$LF_n = T_p \tag{3-36}$$

例如在本例中，终点节点 D 所代表的工作 FIN（虚拟工作）的最迟完成时间为

$$LF_{10} = T_p = 15$$

工作的最迟开始时间等于本工作的最迟完成时间与其持续时间之差，即

$$LS_i = LF_i - D_i \tag{3-37}$$

例如在本例中，虚拟工作 FIN 和工作 G 的最迟开始时间分别为

$$LS_{10} = LF_{10} - D_{10} = 15 - 0 = 15$$
$$LS_7 = LF_7 - D_7 = 15 - 5 = 10$$

（2）其他工作的最迟完成时间等于该工作各紧后工作最迟开始时间的最小值，即

$$LF_i = Min\{LS_j\} \tag{3-38}$$

式中：LF_i——工作 i 的最迟完成时间；

LS_j——工作 i 的紧后工作 j 的最迟开始时间。

例如在本例中，工作 H 和工作 D 的最迟完成时间分别为

$$LF_8 = LF_{10} = 15$$
$$LF_5 = Min\{LS_8, LS_9\}$$
$$= Min\{12, 10\}$$
$$= 10$$

7. 确定网络计划的关键线路

1）利用关键工作确定关键线路

如前所述，总时差最小的工作为关键工作。将这些关键工作相连，并保证相邻两项关键

工作之间的时间间隔为零而构成的线路就是关键线路。

例如在本例中,由于工作 B、工作 E 和工作 I 的总时差均为零,故这些工作均为关键工作。由网络计划的起点节点①和终点节点⑩与上述三项关键工作组成的线路上,相邻两项工作之间的时间间隔全部为零,故线路①→③→⑥→⑨→⑩为关键线路。

2)利用相邻两项工作之间的时间间隔确定关键线路

从网络计划的终点节点开始,逆着箭线方向依次找出相邻两项工作之间时间间隔为零的线路就是关键线路。例如在本例中,逆着箭线方向可以直接找出关键线路①→③→⑥→⑨→⑩,因为在这条线路上,相邻两项工作之间的时间间隔均为零。

在网络计划中,关键线路可以用粗箭线或双箭线标出,也可以用彩色箭线标出。

3.3　双代号时标网络计划

双代号时标网络计划(简称时标网络计划)必须以水平时间坐标为尺度表示工作时间。时标的时间单位应根据需要在编制网络计划之前确定,可以是小时、天、周、月或季度等。

在时标网络计划中,以实箭线表示工作,实箭线的水平投影长度表示该工作的持续时间;以虚箭线表示虚工作,由于虚工作的持续时间为零,故虚箭线只能垂直画;以波形线表示工作与其紧后工作之间的时间间隔(以终点节点为完成节点的工作除外,当计划工期等于计算工期时,这些工作箭线中波形线的水平投影长度表示其自由时差)。

时标网络计划既具有网络计划的优点,又具有横道计划直观易懂的优点,它将网络计划的时间参数直观地表达出来。

3.3.1　时标网络计划的编制方法

时标网络计划宜按各项工作的最早开始时间编制。为此,在编制时标网络计划时应使每一个节点和每一项工作(包括虚工作)尽量向左靠,直至不出现从右向左的逆向箭线为止。

在编制时标网络计划之前,应先按已经确定的时间单位绘制时标网络计划表。时间坐标可以标注在时标网络计划表的顶部或底部。当网络计划的规模比较大,且比较复杂时,可以在时标网络计划表的顶部和底部同时标注时间坐标。必要时,还可以在顶部时间坐标之上或底部时间坐标之下同时加注日历时间。时标网络计划表见表 3-1。表中部的刻度线宜为细线。为使图面清晰简洁,此线也可不画或少画。

表 3-1　时标网络计划表

日历																
(时间单位)	1	2	3	4	5	6	7	8	9	10	11	12	13	14	15	16
网络计划																
(时间单位)	1	2	3	4	5	6	7	8	9	10	11	12	13	14	15	16

编制时标网络计划应先绘制无时标的网络计划草图,然后按间接绘制法或直接绘制法进行。

1. 间接绘制法

所谓间接绘制法,是指先根据无时标的网络计划草图计算其时间参数并确定关键线路,然后在时标网络计划表中进行绘制。在绘制时应先将所有节点按其最早时间定位在时标网络计划表中的相应位置,然后再用规定线型(实箭线和虚箭线)按比例绘出工作和虚工作。当某些工作箭线的长度不足以到达该工作的完成节点时,须用波形线补足,箭头应画在与该工作完成节点的连接处。

2. 直接绘制法

所谓直接绘制法,是指不计算时间参数而直接按无时标的网络计划草图绘制时标网络计划。现以图 3-11 所示网络计划为例,说明时标网络计划的绘制过程。

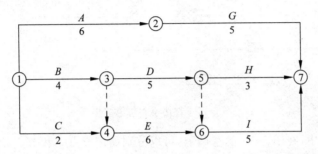

图 3-11 双代号网络计划

(1) 将网络计划的起点节点定位在时标网络计划表的起始刻度上。如图 3-12 所示,节点①就是定位在时标网络计划表的起始刻度线"0"位置上。

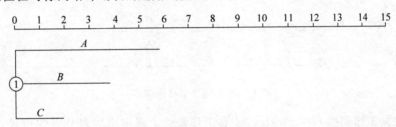

图 3-12 直接绘制法第一步

(2) 按工作的持续时间绘制以网络计划起点节点为开始节点的工作箭线。如图 3-12 所示,分别绘出工作箭线 A、B 和 C。

(3) 除网络计划的起点节点外,其他节点必须在所有以该节点为完成节点的工作箭线均绘出后,定位在这些工作箭线中最迟的箭线末端。当某些工作箭线的长度不足以到达该节点时,须用波形线补足,箭头画在与该节点的连接处。例如在本例中,节点②直接定位在工作箭线 A 的末端;节点③直接定位在工作箭线 B 的末端;节点④的位置需要在绘出虚箭线③→④之后,定位在工作箭线 C 和虚箭线③→④中最迟的箭线末端,即坐标"4"的位置上。此时,工作箭线 C 的长度不足以到达节点④,因而用波形线补足,如图 3-13 所示。

(4) 当某个节点的位置确定之后,即可绘制以该节点为开始节点的工作箭线。例如在本例中,在图 3-13 的基础上,可以分别以节点②、节点③和节点④为开始节点绘制工作箭线 G、工作箭线 D 和工作箭线 E,如图 3-14 所示。

(5) 利用上述方法从左至右依次确定其他各个节点的位置,直至绘出网络计划的终点

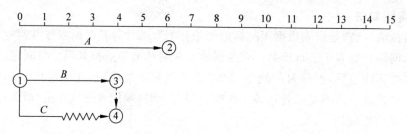

图 3-13　直接绘制法第二步

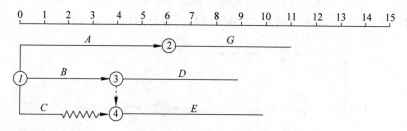

图 3-14　直接绘制法第三步

节点。例如在本例中,在图 3-14 的基础上,可以分别确定节点⑤和节点⑥的位置,并在它们之后分别绘制工作箭线 H 和工作箭线 I,如图 3-15 所示。

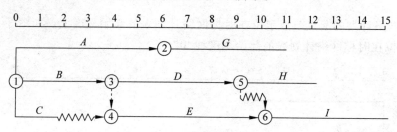

图 3-15　直接绘制法第四步

最后,根据工作箭线 G、工作箭线 H 和工作箭线 I 确定出终点节点的位置。本例对应的时标网络计划如图 3-16 所示,图中双箭线表示的线路为关键线路。

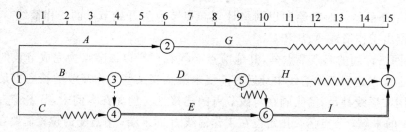

图 3-16　双代号网络计划

在绘制时标网络计划时,特别需要注意的问题是处理好虚箭线。首先,应将虚箭线与实箭线等同看待,只是其对应工作的持续时间为零;其次,尽管其本身没有持续时间,但可能存在波形线,因此,要按规定画出波形线。在画波形线时,其垂直部分仍应画为虚线(如图 3-16 所示时标网络计划中的虚箭线⑤→⑥)。

3.3.2 时标网络计划中时间参数的判定

1. 关键线路和计算工期的判定

1）关键线路的判定

时标网络计划中的关键线路可从网络计划的终点节点开始,逆着箭线方向进行判定。自始至终不出现波形线的线路即为关键线路。因为不出现波形线,就说明在这条线路上相邻两项工作之间的时间间隔全部为零,也就是在计算工期等于计划工期的前提下,这些工作的总时差和自由时差全部为零。例如在图 3-16 所示时标网络计划中,线路①→③→④→⑥→⑦即为关键线路。

2）计算工期的判定

网络计划的计算工期应等于终点节点所对应的时标值与起点节点所对应的时标值之差。例如,图 3-16 所示时标网络计划的计算工期为

$$T_c = 15 - 0 = 15$$

2. 相邻两项工作之间时间间隔的判定

除以终点节点为完成节点的工作外,工作箭线中波形线的水平投影长度表示工作与其紧后工作之间的时间间隔。例如在图 3-16 所示的时标网络计划中,工作 C 和工作 E 之间的时间间隔为 2;工作 D 和工作 I 之间的时间间隔为 1;其他工作之间的时间间隔均为零。

3. 工作六个时间参数的判定

1）工作最早开始时间和最早完成时间的判定

工作箭线左端节点中心所对应的时标值为该工作的最早开始时间。当工作箭线中不存在波形线时,其右端节点中心所对应的时标值为该工作的最早完成时间;当工作箭线中存在波形线时,工作箭线实线部分右端点所对应的时标值为该工作的最早完成时间。例如在图 3-16 所示的时标网络计划中,工作 A 和工作 H 的最早开始时间分别为 0 和 9,而它们的最早完成时间分别为 6 和 12。

2）工作总时差的判定

工作总时差的判定应从网络计划的终点节点开始,逆着箭线方向依次进行。

（1）以终点节点为完成节点的工作,其总时差应等于计划工期与本工作最早完成时间之差,即

$$\text{TF}_{i-n} = T_p - \text{EF}_{i-n} \tag{3-39}$$

式中：TF_{i-n}——以网络计划终点节点 n 为完成节点的工作的总时差;

T_p——网络计划的计划工期;

EF_{i-n}——以网络计划终点节点 n 为完成节点的工作的最早完成时间。

例如,在图 3-16 所示的时标网络计划中,假设计划工期为 15,则工作 G、工作 H 和工作 I 的总时差分别为

$$\text{TF}_{2-7} = T_p - \text{EF}_{2-7} = 15 - 11 = 4$$

$$\text{TF}_{5-7} = T_p - \text{EF}_{5-7} = 15 - 12 = 3$$

$$\text{TF}_{6-7} = T_p - \text{EF}_{6-7} = 15 - 15 = 0$$

（2）其他工作的总时差等于其紧后工作的总时差加本工作与该紧后工作之间的时间间

隔所得之和的最小值,即

$$TF_{i-j} = Min\{TF_{j-k} + LAG_{i-j,j-k}\} \qquad (3\text{-}40)$$

式中:TF_{i-j}——工作 $i-j$ 的总时差;

TF_{j-k}——工作 $i-j$ 的紧后工作 $j-k$(非虚工作)的总时差;

$LAG_{i-j,j-k}$——工作 $i-j$ 与其紧后工作 $j-k$(非虚工作)之间的时间间隔。

例如,在图 3-16 所示的时标网络计划中,工作 A、工作 C 和工作 D 的总时差分别为

$$TF_{1-2} = TF_{2-7} + LAG_{1-2,2-7} = 4 + 0 = 4$$

$$TF_{1-4} = TF_{4-6} + LAG_{1-4,4-6} = 0 + 2 = 2$$

$$TF_{3-5} = Min\{TF_{5-7} + LAG_{3-5,5-7}, TF_{6-7} + LAG_{3-5,6-7}\}$$

$$= Min\{3 + 0, 0 + 1\}$$

$$= 1$$

3)工作自由时差的判定

(1)以终点节点为完成节点的工作,其自由时差应等于计划工期与本工作最早完成时间之差,即

$$FF_{i-n} = T_p - EF_{i-n} \qquad (3\text{-}41)$$

式中:FF_{i-n}——以网络计划终点节点 n 为完成节点的工作的总时差;

T_p——网络计划的计划工期;

EF_{i-n}——以网络计划终点节点 n 为完成节点的工作的最早完成时间。

例如,在图 3-16 所示的时标网络计划中,工作 G、工作 H 和工作 I 的自由时差分别为

$$FF_{2-7} = T_p - EF_{2-7} = 15 - 11 = 4$$

$$FF_{5-7} = T_p - EF_{5-7} = 15 - 12 = 3$$

$$FF_{6-7} = T_p - EF_{6-7} = 15 - 15 = 0$$

事实上,以终点节点为完成节点的工作,其自由时差与总时差必然相等。

(2)其他工作的自由时差就是该工作箭线中波形线的水平投影长度。但当工作之后只紧接虚工作时,则该工作箭线上一定不存在波形线,而其紧接的虚箭线中波形线水平投影长度的最短者为该工作的自由时差。

例如在图 3-16 所示的时标网络计划中,工作 A、工作 B、工作 D 和工作 E 的自由时差均为零,而工作 C 的自由时差为 2。

4)工作最迟开始时间和最迟完成时间的判定

(1)工作的最迟开始时间等于本工作的最早开始时间与其总时差之和,即

$$LS_{i-j} = ES_{i-j} + TF_{i-j} \qquad (3\text{-}42)$$

式中:LS_{i-j}——工作 $i-j$ 的最迟开始时间;

ES_{i-j}——工作 $i-j$ 的最早开始时间;

TF_{i-j}——工作 $i-j$ 的总时差。

例如在图 3-16 所示的时标网络计划中,工作 A、工作 C、工作 D、工作 G 和工作 H 的最迟开始时间分别为

$$LF_{1-2} = EF_{1-2} + TF_{1-2} = 6 + 4 = 10$$

$$LF_{1-4} = EF_{1-4} + TF_{1-4} = 2 + 2 = 4$$

$$LF_{3-5} = EF_{3-5} + TF_{3-5} = 9 + 1 = 10$$

$$LF_{2-7} = EF_{2-7} + TF_{2-7} = 11 + 4 = 15$$
$$LF_{5-7} = EF_{5-7} + TF_{5-7} = 12 + 3 = 15$$

（2）工作的最迟完成时间等于本工作的最早完成时间与其总时差之和，即

$$LF_{i-j} = EF_{i-j} + TF_{i-j} \tag{3-43}$$

式中：LF_{i-j}——工作 $i-j$ 的最迟完成时间；

　　EF_{i-j}——工作 $i-j$ 的最早完成时间；

　　TF_{i-j}——工作 $i-j$ 的总时差。

例如，在图 3-16 所示的时标网络计划中，工作 A、工作 C、工作 D、工作 G 和工作 H 的最迟完成时间分别为

$$LS_{1-2} = ES_{1-2} + TF_{1-2} = 0 + 4 = 4$$
$$LS_{1-4} = ES_{1-4} + TF_{1-4} = 0 + 2 = 2$$
$$LS_{3-5} = ES_{3-5} + TF_{3-5} = 4 + 1 = 5$$
$$LS_{2-7} = ES_{2-7} + TF_{2-7} = 6 + 4 = 10$$
$$LS_{5-7} = ES_{5-7} + TF_{5-7} = 9 + 3 = 12$$

图 3-16 所示时标网络计划中时间参数的判定结果应与图 3-5 所示网络计划时间参数的计算结果完全一致。

3.3.3　时标网络计划的坐标体系

时标网络计划的坐标体系有计算坐标体系、工作日坐标体系和日历坐标体系三种。

1. 计算坐标体系

计算坐标体系主要用作网络计划时间参数的计算。采用该坐标体系便于时间参数的计算，但不够明确。如按照计算坐标体系，网络计划所表示的计划任务从第零天开始，就不容易理解。实际上应为第 1 天开始或明示开始日期。

2. 工作日坐标体系

工作日坐标体系可明示各项工作在整个工程开工后第几天（上班时刻）开始和第几天（下班时刻）完成。但不能示出整个工程的开工日期和完工日期以及各项工作的开始日期和完成日期。

在工作日坐标体系中，整个工程的开工日期和各项工作的开始日期分别等于计算坐标体系中整个工程的开工日期和各项工作的开始日期加 1；而整个工程的完工日期和各项工作的完成日期就等于计算坐标体系中整个工程的完工日期和各项工作的完成日期。

3. 日历坐标体系

日历坐标体系可以明示整个工程的开工日期和完工日期以及各项工作的开始日期和完成日期，同时还可以考虑扣除节假日休息时间。

图 3-17 所示的时标网络计划中同时标出了三种坐标体系。其中上面为计算坐标体系，中间为工作日坐标体系，下面为日历坐标体系。这里假定 4 月 24 日（星期三）开工，星期六、星期日和"五一"国际劳动节休息。

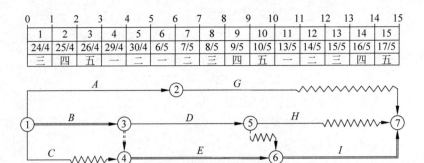

图 3-17　双代号时标网络计划

3.3.4　进度计划表

进度计划表也是建设工程进度计划的一种表达方式,包括工作日进度计划表和日历进度计划表。

1. 工作日进度计划表

工作日进度计划表是一种根据带有工作日坐标体系的时标网络计划编制的工程进度计划表。根据图 3-17 所示时标网络计划编制的工作日进度计划见表 3-2。

表 3-2　工作日进度计划

序号	工作代号	工作名称	持续时间	最早开始时间	最早完成时间	最迟开始时间	最迟完成时间	自由时差	总时差	关键工作
1	1—2	A	6	1	6	5	10	0	4	否
2	1—3	B	4	1	4	1	4	0	0	是
3	1—4	C	2	1	2	3	4	2	2	否
4	3—5	D	5	5	9	6	10	0	1	否
5	4—6	E	6	5	10	5	10	0	0	是
6	2—7	G	5	7	11	11	15	4	4	否
7	5—7	H	3	10	12	13	15	3	3	否
8	6—7	I	5	11	15	11	15	0	0	是

2. 日历进度计划表

日历进度计划表是一种根据带有日历坐标体系的时标网络计划编制的工程进度计划表,根据图 3-17 所示时标网络计划编制的日历进度计划见表 3-3。

表 3-3　日历进度计划

序号	工作代号	工作名称	持续时间	最早开始时间	最早完成时间	最迟开始时间	最迟完成时间	自由时差	总时差	关键工作
1	1—2	A	6	24/4	6/5	30/4	10/5	0	4	否
2	1—3	B	4	24/4	29/4	24/4	29/4	0	0	是
3	1—4	C	2	24/4	25/4	26/4	29/4	2	2	否
4	3—5	D	5	30/4	9/5	6/5	10/5	0	1	否
5	4—6	E	6	30/4	10/5	30/4	10/5	0	0	是

续表

序号	工作代号	工作名称	持续时间	最早开始时间	最早完成时间	最迟开始时间	最迟完成时间	自由时差	总时差	关键工作
6	2—7	G	5	7/5	13/5	13/5	17/5	4	4	否
7	5—7	H	3	10/5	14/5	15/5	17/5	3	3	否
8	6—7	I	5	13/5	17/5	13/5	17/5	0	0	是

3.4 网络计划的优化

网络计划的优化是指在一定约束条件下,按既定目标对网络计划进行不断改进,以寻求满意方案的过程。

网络计划的优化目标应按计划任务的需要和条件选定,包括工期目标、费用目标和资源目标。根据优化目标的不同,网络计划的优化可分为工期优化、费用优化和资源优化三种。

3.4.1 工期优化

工期优化是指网络计划的计算工期不满足要求工期时,通过压缩关键工作的持续时间以满足要求工期目标的过程。

1. 工期优化方法

网络计划工期优化的基本方法是在不改变网络计划中各项工作之间逻辑关系的前提下,通过压缩关键工作的持续时间来达到优化目标。在工期优化过程中,按照经济合理的原则,不能将关键工作压缩成非关键工作。此外,当工期优化过程中出现多条关键线路时,必须将各条关键线路的总持续时间压缩相同数值,否则,不能有效地缩短工期。

网络计划的工期优化可按下列步骤进行。

(1) 确定初始网络计划的计算工期和关键线路。

(2) 按要求工期计算应缩短的时间 ΔT:

$$\Delta T = T_c - T_r \tag{3-44}$$

式中:T_c——网络计划的计算工期;

T_r——要求工期。

(3) 选择应缩短持续时间的关键工作。选择压缩对象时应在关键工作中考虑下列因素。

① 缩短持续时间对质量和安全影响不大的工作。

② 有充足备用资源的工作。

③ 缩短持续时间所需增加的费用最少的工作。

(4) 将所选定的关键工作的持续时间压缩至最短,并重新确定计算工期和关键线路。若被压缩的工作变成非关键工作,则应延长其持续时间,使之仍为关键工作。

(5) 当计算工期仍超过要求工期时,则重复上述(2)~(4),直至计算工期满足要求工期或计算工期已不能再缩短为止。

（6）当所有关键工作的持续时间都已达到其能缩短的极限而寻求不到继续缩短工期的方案,但网络计划的计算工期仍不能满足要求工期时,应对网络计划的原技术方案、组织方案进行调整,或对要求工期重新审定。

2. 工期优化示例

【例3-1】 已知某工程双代号网络计划如图3-18所示,图中箭线下方括号外数字为工作的正常持续时间,括号内数字为最短持续时间;箭线上方括号内数字为优选系数,该系数综合考虑质量、安全和费用增加情况而确定。选择关键工作压缩其持续时间时,应选择优选系数最小的关键工作。若需要同时压缩多个关键工作的持续时间时,则它们的优选系数之和(组合优选系数)最小者应优先作为压缩对象。现假设要求工期为15,试对其进行工期优化。

【解】 该网络计划的工期优化可按以下步骤进行。

（1）根据各项工作的正常持续时间,用标号法确定网络计划的计算工期和关键线路,如图3-18所示。此时关键线路为①→②→④→⑥。

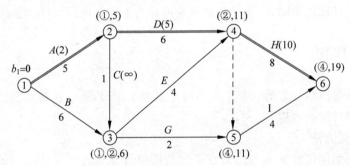

图3-18 初始网络计划中的关键线路

（2）计算应缩短的时间：

$$\Delta T = T_c - T_r = 19 - 15 = 4$$

（3）由于此时关键工作为工作 A、工作 D 和工作 H,而其中工作 A 的优选系数最小,故应将工作 A 作为优先压缩对象。

（4）将关键工作 A 的持续时间压缩至最短持续时间 3,利用标号法确定新的计算工期和关键线路,如图3-18所示。此时,关键工作 A 被压缩成非关键工作,故将其持续时间 3 延长为 4,使之成为关键工作。工作 A 恢复为关键工作之后,网络计划中出现两条关键线路,即：①→②→④→⑥和①→③→④→⑥,如图3-19所示。

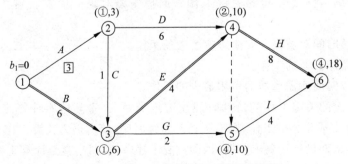

图3-19 工作 A 压缩至最短时的关键线路

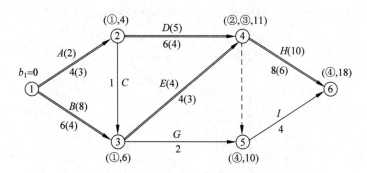

图 3-20 第一次压缩后的网络计划

(5) 由于此时计算工期为 18,仍大于要求工期,故需继续压缩。需要缩短的时间 $\Delta T_1 =$ 18−15＝3。在图 3-20 所示网络计划中,有以下五个压缩方案。

① 同时压缩工作 A 和工作 B,组合优选系数为:2＋8＝10。

② 同时压缩工作 A 和工作 E,组合优选系数为:2＋4＝6。

③ 同时压缩工作 B 和工作 D,组合优选系数为:8＋5＝13。

④ 同时压缩工作 D 和工作 E,组合优选系数为:5＋4＝9。

⑤ 压缩工作 H,优选系数为 10。

在上述压缩方案中,由于工作 A 和工作 E 的组合优选系数最小,故应选择同时压缩工作 A 和工作 E 的方案。将这两项工作的持续时间各压缩 l(压缩至最短),再用标号法确定计算工期和关键线路,如图 3-21 所示。此时,关键线路仍为两条,即①→②→④→⑥和①→③→④→⑥。

在图 3-21 中,关键工作 A 和 E 的持续时间已达最短,不能再压缩,它们的优选系数变为无穷大。

(6) 由于此时计算工期为 17,仍大于要求工期,故需继续压缩。需要缩短的时间 $\Delta T_2 =$ 17−15＝2。在图 3-21 所示网络计划中,由于关键工作 A 和 E 已不能再压缩,故此时只有两个压缩方案。

① 同时压缩工作 B 和工作 D,组合优选系数为:8＋5＝13。

② 压缩工作 H,优选系数为 10。

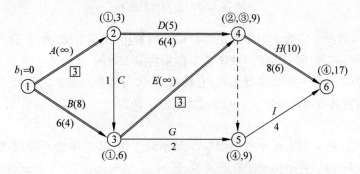

图 3-21 第二次压缩后的网络计划

在上述压缩方案中,由于工作 H 的优选系数最小,故应选择压缩工作 H 的方案。将工作 H 的持续时间缩短 2,再用标号法确定计算工期和关键线路,如图 3-22 所示。此时,计算工期为 15,已等于要求工期,故图 3-22 所示网络计划即为优化方案。

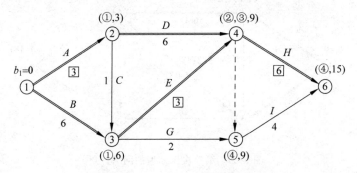

图 3-22 工期优化后的网络计划

【例 3-2】 某企业工业厂房施工过程安排包括施工准备、进口施工、地下工程、垫层、构件安装、屋面工程、门窗工程、地面工程、装修工程,施工单位组织安排如图 3-23 所示,原计划工期为 210 天,当第 95 天进行检查时发现,工作④－⑤(垫层)前已全部完成,工作④－⑤(构件安装)刚开工,试进行施工进度控制分析。

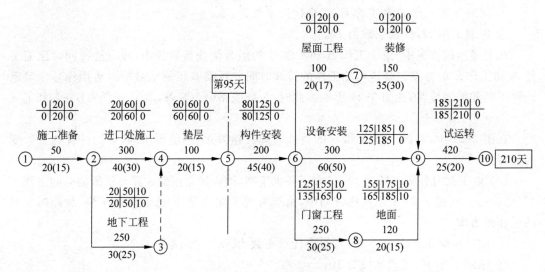

图 3-23 网络进度计划图

图 3-23 中,箭线上的数字为缩短工期需增加的费用(单位:元/天);箭线下的括弧外的数字为工作正常施工时间;括弧内数字为工作最快施工时间。

分析:因为工作⑤－⑥是关键工作,它拖后 15 天可能导致总工期延长 15 天,应当进行计划进度控制,使其按原计划完成,办法就是缩短工作⑤－⑥及其以后计划工作时间,调整步骤如下。

第一步:先压缩关键工作中费用增加率最小的工作,其压缩量不能超过实际可能压缩值。从图 3-23 中可见,三个关键工作⑤－⑥、⑥－⑨、⑨－⑩中,赶工费最低是 $a_{⑤-⑥}=200$,可压缩量 $=45-40=5$(天),因此先压缩工作⑤－⑥5 天,而需要支出压缩费 $5\times200=1000$(元),至此工期缩短 5 天,但⑤－⑥不能再压缩了。

第二步:删除已压缩的工作,按上述方法压缩未经调整的各关键工作中费用增加率最省者。比较⑥—⑨和⑨—⑩两个关键工作，$a_{⑥-⑨}=300$ 元最少，所以压缩⑥—⑨，但压缩⑥—⑨工作必须考虑与其平行作业的工作，他们最小时差为 5 天，所以只能先压缩 5 天，增加费用 $5×300=1500$(元)。至此工期已压缩了 10 天，而此时⑥—⑦与⑦—⑨也变成关键工作，如再压缩⑥—⑨还需考虑⑥—⑦或⑦—⑨也要同时压缩，不然则不能缩短工期。

第三步：此时可以压缩的工作为：一是同时压缩⑥—⑦和⑥—⑨，每天费用增加为 $100+300=400$(元)，压缩量为 3 天；二是同时压缩⑦—⑨和⑥—⑨，每天费用增加为 $150+300=450$(元)，压缩量为 5 天；三是压缩⑨—⑩，每天费用增加为 420 元，压缩量为 5 天。三者相比较，同时压缩⑥—⑦和⑥—⑨费用增加最少。故工作⑥—⑦和⑥—⑨压缩各压缩 3 天，费用增加 $(100+300)×3=1200$(元)，至此，工期已压缩了 13 天。

第四步：分析仍能压缩的关键工作。此时可以压缩的工作为：一是同时压缩⑦—⑨和⑥—⑨，每天费用增加为 $150+300=450$(元)，压缩量为 5 天；二是压缩⑨—⑩，每天费用增加为 420 元，压缩量为 5 天。两者相比较，压缩工作⑨—⑩每天费用增加最少。工作⑨—⑩只需压缩 2 天，费用增加 $420×2=840$(元)。至此，工期压缩 15 天已完成，总费用共增加 $1000+1500+1200+840=4540$(元)。

调整后的工期仍为 210 天，但各工作的开工时间和部分工作作业时间有所变动，劳动力、物资、机械计划及平面布置均按调整后的进度计划作相应调整。调整后的网络计划如图 3-24 所示。

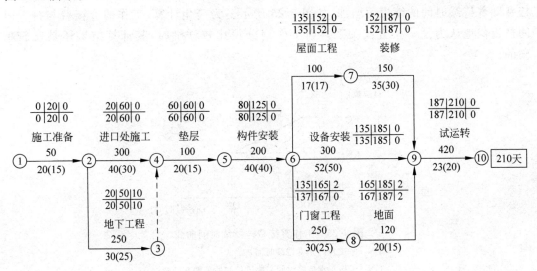

图 3-24 调整后网络计划图

3.4.2 费用优化

费用优化又称工期成本优化，是指寻求工程总成本最低时的工期安排，或按要求工期寻求最低成本的计划安排的过程。

1. 费用和时间的关系

在建设工程施工过程中，完成一项工作通常可以采用多种施工方法和组织方法，而不同的施工方法和组织方法，又会有不同的持续时间和费用。由于一项建设工程往往包含许多工作,所以在安排建设工程进度计划时,就会出现许多方案。进度方案不同,所对应的总工期和总费用也就不同。为了能从多种方案中找出总成本最低的方案,必须首先分析费用和时间之间的关系。

1) 工程费用与工期的关系

工程总费用由直接费和间接费组成。直接费由人工费、材料费、施工机具使用费、措施费及现场经费等组成。施工方案不同,直接费也就不同;如果施工方案一定,工期不同,直接费也不同。直接费会随着工期的缩短而增加。间接费包括企业经营管理的全部费用,一般会随着工期的缩短而减少。在考虑工程总费用时,还应考虑工期变化带来的其他损益,包括效益增量和资金的时间价值等。工程费用与工期的关系如图 3-25 所示。

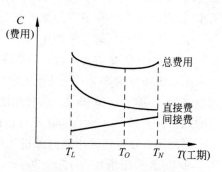

图 3-25 工程费用—工期曲线
T_L——最短工期;T_O——最优工期;
T_N——正常工期

2) 工作直接费与持续时间的关系

由于网络计划的工期取决于关键工作的持续时间,为了进行工期成本优化,必须分析网络计划中各项工作的直接费与持续时间之间的关系,这是网络计划工期成本优化的基础。

工作的直接费与持续时间之间的关系类似工程直接费与工期之间的关系,工作的直接费随着持续时间的缩短而增加,如图 3-26 所示。为简化计算,工作的直接费与持续时间被近似地认为是一条直线关系。当工作划分得比较详细时,其计算结果还是比较精确的。

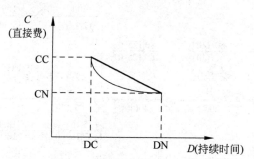

图 3-26 工作直接费—持续时间曲线
DN——工作的正常持续时间;
CN——按正常持续时间完成工作时所需的直接费;
DC——工作的最短持续时间;
CC——按最短持续时间完成工作时所需的直接费

工作持续时间每缩短单位时间而增加的直接费称为直接费用率。直接费用率可按公式(3-45)计算:

$$\Delta C_{i-j} = \frac{CC_{i-j} - CN_{i-j}}{DN_{i-j} - DC_{i-j}} \qquad (3-45)$$

式中:ΔC_{i-j}——工作 $i-j$ 的直接费用率;

CC_{i-j}——按最短持续时间完成工作 $i-j$ 时所需的直接费;

CN_{i-j}——按正常持续时间完成工作 $i-j$ 时所需的直接费;

DN_{i-j}——工作 $i-j$ 的正常持续时间；

DC_{i-j}——工作 $i-j$ 的最短持续时间。

从公式(3-45)可以看出，工作的直接费用率越大，说明将该工作的持续时间缩短一个时间单位，所需增加的直接费就越多；反之，将该工作的持续时间缩短一个时间单位，所需增加的直接费就越少。因此，在压缩关键工作的持续时间以达到缩短工期的目的时，应将直接费用率最小的关键工作作为压缩对象。当有多条关键线路出现而需要同时压缩多个关键工作的持续时间时，应将它们的直接费用率之和(组合直接费用率)最小者作为压缩对象。

2. 费用优化方法

费用优化的基本思路：不断地在网络计划中找出直接费用率(或组合直接费用率)最小的关键工作，缩短其持续时间，同时考虑间接费随工期缩短而减少的数值，最后求得工程总成本最低时的最优工期安排或按要求工期求得最低成本的计划安排。

按照上述基本思路，费用优化可按以下步骤进行。

(1) 按工作的正常持续时间确定计算工期和关键线路。

(2) 计算各项工作的直接费用率。直接费用率的计算按公式(3-45)进行。

(3) 当只有一条关键线路时，应找出直接费用率最小的一项关键工作，作为缩短持续时间的对象；当有多条关键线路时，应找出组合直接费用率最小的一组关键工作，作为缩短持续时间的对象。

(4) 对于选定的压缩对象(一项关键工作或一组关键工作)，首先比较其直接费用率或组合直接费用率与工程间接费用率的大小。

① 如果被压缩对象的直接费用率或组合直接费用率大于工程间接费用率，说明压缩关键工作的持续时间会使工程总费用增加。此时应停止缩短关键工作的持续时间，在此之前的方案即为优化方案。

② 如果被压缩对象的直接费用率或组合直接费用率等于工程间接费用率，说明压缩关键工作的持续时间不会使工程总费用增加，故应缩短关键工作的持续时间。

③ 如果被压缩对象的直接费用率或组合直接费用率小于工程间接费用率，说明压缩关键工作的持续时间会使工程总费用减少，故应缩短关键工作的持续时间。

(5) 当需要缩短关键工作的持续时间时，其缩短值的确定必须符合下列两条原则。

① 缩短后工作的持续时间不能小于其最短持续时间。

② 缩短持续时间的工作不能变成非关键工作。

(6) 计算关键工作持续时间缩短后相应增加的总费用。

(7) 重复上述(3)～(6)，直至计算工期满足要求工期或被压缩对象的直接费用率或组合直接费用率大于工程间接费用率为止。

(8) 计算优化后的工程总费用。

3. 费用优化示例

【例3-3】 已知某工程双代号网络计划如图3-27所示，图中箭线下方括号外数字为工作的正常时间，括号内数字为最短持续时间，箭线上方括号外数字为工作按正常持续时间完成时所需的直接费，括号内数字为工作按最短持续时间完成时所需的直接费。该工程的间接费用率为0.8万元/天，试对其进行费用优化。

【解】 该网络计划的费用优化可按以下步骤进行。

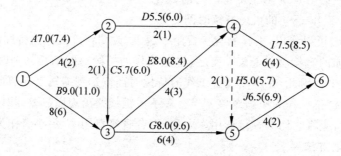

图 3-27 初始网络计划

费用单位：万元；时间单位：天

(1) 根据各项工作的正常持续时间,用标号法确定网络计划的计算工期和关键线路,如图 3-28 所示。计算工期为 19 天,关键线路有两条,即①→③→④→⑥和①→③→④→⑤→⑥。

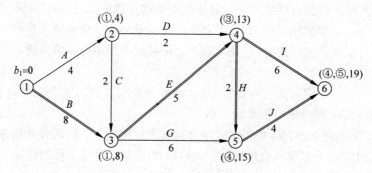

图 3-28 初始网络计划中的关键线路

(2) 计算各项工作的直接费用率：

$$\Delta C_{1-2} = \frac{CC_{1-2} - CN_{1-2}}{DN_{1-2} - DC_{1-2}} = \frac{7.4 - 7.0}{4 - 2} = 0.2 (万元/天)$$

$$\Delta C_{1-3} = \frac{CC_{1-3} - CN_{1-3}}{DN_{1-3} - DC_{1-3}} = \frac{11.0 - 9.0}{8 - 6} = 1.0 (万元/天)$$

$$\Delta C_{2-3} = \frac{CC_{2-3} - CN_{2-3}}{DN_{i-j} - DC_{2-3}} = \frac{6.0 - 5.7}{2 - 1} = 0.3 (万元/天)$$

$$\Delta C_{2-4} = \frac{CC_{2-4} - CN_{2-4}}{DN_{2-4} - DC_{2-4}} = \frac{6.0 - 5.5}{2 - 1} = 0.5 (万元/天)$$

$$\Delta C_{3-4} = \frac{CC_{3-4} - CN_{3-4}}{DN_{3-4} - DC_{3-4}} = \frac{8.4 - 8.0}{5 - 3} = 0.2 (万元/天)$$

$$\Delta C_{3-5} = \frac{CC_{3-5} - CN_{3-5}}{DN_{3-5} - DC_{3-5}} = \frac{9.6 - 8.0}{6 - 4} = 0.8 (万元/天)$$

$$\Delta C_{4-5} = \frac{CC_{4-5} - CN_{4-5}}{DN_{4-5} - DC_{i-j,4-5}} = \frac{5.7 - 5.0}{2 - 1} = 0.7 (万元/天)$$

$$\Delta C_{4-6} = \frac{CC_{4-6} - CN_{4-6}}{DN_{4-6} - DC_{4-6}} = \frac{8.5 - 7.5}{6 - 4} = 0.5 (万元/天)$$

$$\Delta C_{5-6} = \frac{CC_{5-6} - CN_{5-6}}{DN_{5-6} - DC_{5-6}} = \frac{6.9 - 6.5}{4 - 2} = 0.2(万元 / 天)$$

（3）计算工程总费用。

① 直接费总和：$C_d = 7.0 + 9.0 + 5.7 + 5.5 + 8.0 + 8.0 + 5.0 + 7.5 + 6.5 = 62.2$（万元）；

② 间接费总和：$C_i = 0.8 \times 19 = 15.2$（万元）；

③ 工程总费用：$C_t = C_d + C_i = 62.2 + 15.2 = 77.4$（万元）。

（4）通过压缩关键工作的持续时间进行费用优化（优化过程略）。

① 第一次压缩：由图 3-28 可知，该网络计划中有两条关键线路，为了同时缩短两条关键线路的总持续时间，有以下四个压缩方案。

a. 压缩工作 B，直接费用率为 1.0 万元/天。

b. 压缩工作 E，直接费用率为 0.2 万元/天。

c. 同时压缩工作 H 和工作 I，组合直接费用率为：$0.7 + 0.5 = 1.2$（万元/天）。

d. 同时压缩工作 I 和工作 J，组合直接费用率为：$0.5 + 0.2 = 0.7$（万元/天）。

在上述压缩方案中，由于工作 E 的直接费用率最小，故应选择工作 E 作为压缩对象。

工作 E 的直接费用率 0.2 万元/天，小于间接费用率 0.8 万元/天，说明压缩工作 E 可使工程总费用降低。将工作 E 的持续时间压缩至最短持续时间 3 天，利用标号法重新确定计算工期和关键线路，如图 3-29 所示。此时，关键工作 E 被压缩成非关键工作，故将其持续时间延长为 4 天，使其成为关键工作。第一次压缩后的网络计划如图 3-30 所示。图中箭线上方括号内数字为工作的直接费用率。

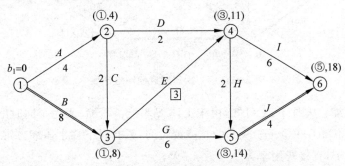

图 3-29 工作 E 压缩至最短时的关键线路

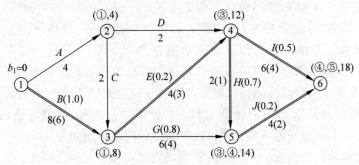

图 3-30 第一次压缩后的网络计划

② 第二次压缩：从图 3-30 可知，该网络计划中有三条关键线路，即①→③→④→⑥、①→③→④→⑤→⑥和①→③→⑤→⑥。为了同时缩短三条关键线路的总持续时间，有以

下五个压缩方案。

  a. 压缩工作 B,直接费用率为 1.0 万元/天。

  b. 同时压缩工作 E 和工作 G,组合直接费用率为 0.2+0.8=1.0(万元/天)。

  c. 同时压缩工作 E 和工作 J,组合直接费用率为:0.2+0.2=0.4(万元/天)。

  d. 同时压缩工作 G、工作 H 和工作 I,组合直接费用率为:0.8+0.7+0.5=2.0(万元/天)。

  e. 同时压缩工作 I 和工作 J,组合直接费用率为:0.5+0.2=0.7(万元/天)。

  在上述压缩方案中,由于工作 E 和工作 J 的组合直接费用率最小,故应选择工作 E 和工作 J 作为压缩对象。工作 E 和工作 J 的组合直接费用率 0.4 万元/天,小于间接费用率 0.8 万元/天,说明同时压缩工作 E 和工作 J 可使工程总费用降低。由于工作 E 的持续时间只能压缩 1 天,工作 J 的持续时间也只能随之压缩 1 天。工作 E 和工作 J 的持续时间同时压缩 1 天后,利用标号法重新确定计算工期和关键线路。此时,关键线路由压缩前的三条变为两条,即①→③→④→⑥和①→③→⑤→⑥。原来的关键工作 H 未经压缩而被动地变成了非关键工作。第二次压缩后的网络计划如图 3-31 所示。此时,关键工作 E 的持续时间已达最短,不能再压缩,故其直接费用率变为无穷大。

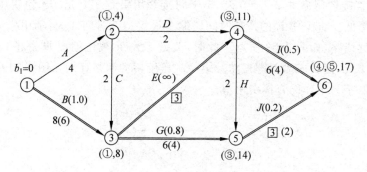

图 3-31   第二次压缩后的网络计划

  ③ 第三次压缩:从图 3-31 可知,由于工作 E 不能再压缩,而为了同时缩短两条关键线路①→③→④→⑥和①→③→⑤→⑥的总持续时间,只有以下三个压缩方案。

  a. 压缩工作 B,直接费用率为 1.0 万元/天。

  b. 同时压缩工作 G 和工作 I,组合直接费用率为 0.8+0.5=1.3(万元/天)。

  c. 同时压缩工作 I 和工作 J,组合直接费用率为:0.5+0.2=0.7(万元/天)。

  在上述压缩方案中,由于工作 I 和工作 J 的组合直接费用率最小,故应选择工作 I 和工作 J 作为压缩对象。工作 I 和工作 J 的组合直接费用率 0.7 万元/天,小于间接费用率 0.8 万元/天,说明同时压缩工作 I 和工作 J 可使工程总费用降低。由于工作 J 的持续时间只能压缩 1 天,工作 I 的持续时间也只能随之压缩 1 天。工作 I 和工作 J 的持续时间同时压缩 1 天后,利用标号法重新确定计算工期和关键线路。此时,关键线路仍然为两条,即①→③→④→⑥和①→③→⑤→⑥。第三次压缩后的网络计划如图 3-32 所示。此时,关键工作 J 的持续时间也已达最短,不能再压缩,故其直接费用率变为无穷大。

  ④ 第四次压缩:从图 3-32 可知,由于工作 E 和工作 J 不能再压缩,而为了同时缩短两条关键线路①→③→④→⑥和①→③→⑤→⑥的总持续时间,只有以下两个压缩方案。

  a. 压缩工作 B,直接费用率为 1.0 万元/天。

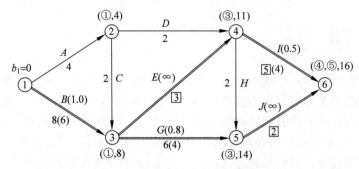

图 3-32 第三次压缩后的网络计划

b. 同时压缩工作 G 和工作 I,组合直接费用率为 $0.8+0.5=1.3$(万元/天)。

在上述压缩方案中,由于工作 B 的直接费用率最小,故应选择工作 B 作为压缩对象。但是,由于工作 B 的直接费用率 1.0 万元/天,大于间接费用率 0.8 万元/天,说明压缩工作 B 会使工程总费用增加。因此,不需要压缩工作 B,优化方案已得到,优化后的网络计划如图 3-33 所示。图中箭线上方括号内数字为工作的直接费。

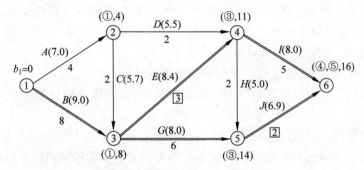

图 3-33 费用优化后的网络计划

(5) 计算优化后的工程总费用如下。

① 直接费总和:$C_{d0}=7.0+9.0+5.7+5.5+8.4+8.0+5.0+8.0+6.9=63.5$(万元)。

② 间接费总和:$C_{i0}=0.8\times16=12.8$(万元)。

③ 工程总费用:$C_{t0}=C_{d0}+C_{i0}=63.5+12.8=76.3$(万元)。

(6) 优化表如表 3-4 所示。

表 3-4 优化表

压缩次数	被压缩工序	被压缩的工作名称	直接费用率和组合直接费用率(万元/天)	费用差(万元/天)	缩短时间	费用增加值(万元)	总工期(天)	总费用(万元)
0	—	—	—	—	—	—	19	77.4
1	3—4	E	0.2	−0.6	1	−0.6	18	76.8
2	3—4 5—6	E、J	0.4	−0.4	1	−0.4	17	76.4
3	4—6 5—6	I、J	0.7	−0.1	1	−0.1	16	76.3
4	1—3	B	1.0	+0.2	—	—	—	—

注:费用差是指工作的直接费用率与工程间接费用率之差。它表示工期缩短单位时间时工程总费用增加的数值。

3.4.3 资源优化

资源是指为完成一项计划任务所需投入的人力、材料、机械设备和资金等。完成一项工程任务所需要的资源量基本上是不变的,不可能通过资源优化将其减少。资源优化的目的是通过改变工作的开始时间和完成时间,使资源按照时间的分布符合优化目标。

在通常情况下,网络计划的资源优化分为两种,即"资源有限,工期最短"的优化和"工期固定,资源均衡"的优化。前者是通过调整计划安排,在满足资源限制条件下,使工期延长最少的过程;而后者是通过调整计划安排,在工期保持不变的条件下,使资源需用量尽可能均衡的过程。

这里所讲的资源优化,其前提条件如下。

(1) 在优化过程中,不改变网络计划中各项工作之间的逻辑关系。

(2) 在优化过程中,不改变网络计划中各项工作的持续时间。

(3) 网络计划中各项工作的资源强度(单位时间所需资源数量)为常数,而且是合理的。

(4) 除规定可中断的工作外,一般不允许中断工作,应保持其连续性。

为简化问题,这里假定网络计划中的所有工作需要同一种资源。

1. "资源有限,工期最短"的优化

"资源有限,工期最短"的优化一般可按以下步骤进行。

(1) 按照各项工作的最早开始时间安排进度计划,并计算网络计划每个时间单位的资源需用量。

(2) 从计划开始日期起,逐个检查每个时段(每个时间单位资源需用量相同的时间段)的资源需用量是否超过所能供应的资源限量。如果在整个工期范围内每个时段的资源需用量均能满足资源限量的要求,则可行优化方案就编制完成。否则,必须转入下一步进行计划的调整。

(3) 分析超过资源限量的时段。如果在该时段内有几项工作平行作业,则采取将一项工作安排在与之平行的另一项工作之后进行的方法,以降低该时段的资源需用量。

对于两项平行作业的工作 m 和工作 n 来说,为了降低相应时段的资源需用量,现将工作 n 安排在工作 m 之后进行,如图 3-34 所示。

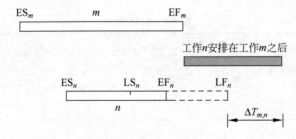

图 3-34 m,n 两项工作的排序

如果将工作 n 安排在工作 m 之后进行,网络计划的工期延长值为

$$\Delta T_{m,n} = \mathrm{EF}_m + D_n - \mathrm{LF}_n$$
$$= \mathrm{EF}_m - (\mathrm{LF}_n - D_n)$$

$$= EF_m - LS_n \tag{3-46}$$

式中：$\Delta T_{m,n}$——将工作 n 安排在工作 m 之后进行时网络计划的工期延长值；

EF_m——工作 m 的最早完成时间；

D_n——工作 n 的持续时间；

LF_n——工作 n 的最迟完成时间；

LS_n——工作 n 的最迟开始时间。

这样，在有资源冲突的时段中，对平行作业的工作进行两两排序，即可得出若干个 $\Delta T_{m,n}$，选择其中最小的 $\Delta T_{m,n}$，将相应的工作 n 安排在工作 m 之后进行，既可降低该时段的资源需用量，又使网络计划的工期延长最短。

（4）对调整后的网络计划安排重新计算每个时间单位的资源需用量。

（5）重复上述（2）～（4），直至网络计划整个工期范围内每个时间单位的资源需用量均满足资源限量为止。

2. "工期固定，资源均衡"的优化

安排建设工程进度计划时，需要使资源需用量尽可能地均衡，使整个工程每单位时间的资源需用量不出现过多的高峰和低谷，这样不仅有利于工程建设的组织与管理，而且可以降低工程费用。

"工期固定，资源均衡"的优化方法有多种，如方差值最小法、极差值最小法、削高峰法等。这里仅介绍方差值最小的优化方法。

1）方差值最小法的基本原理

现假设已知某工程网络计划的资源需用量，则其方差为

$$\sigma^2 = \frac{1}{T} \sum_{t=1}^{T} (R_t - R_m)^2 \tag{3-47}$$

式中：σ^2——资源需用量方差；

T——网络计划的计算工期；

R_t——资源需用量的平均值。

公式（3-47）可以简化为

$$
\begin{aligned}
\sigma^2 &= \frac{1}{T} \sum_{t=1}^{T} R_t^2 - 2R_m \cdot \frac{\sum_{t=1}^{T} R_t}{T} + \frac{1}{T} \sum_{t=1}^{T} R_m^2 \\
&= \frac{1}{T} \sum_{t=1}^{T} R_t^2 - 2R_m \cdot R_m + \frac{1}{T} \cdot T \cdot R_m^2 \\
&= \frac{1}{T} \sum_{t=1}^{T} R_t^2 - R_m^2
\end{aligned} \tag{3-48}
$$

由公式（3-48）可知，由于工期 T 和资源需用量的平均值 R_m 均为常数，为使方差 σ^2 最小，必须使资源需用量的平方和最小。

对于网络计划中某项工作 k 而言，其资源强度为 r_k。在调整计划前，工作 k 从第 i 个时间单位开始，到第 j 个时间单位完成，则此时网络计划资源需用量的平方和为

$$\sum_{t=1}^{T} R_t^2 = R_1^2 + R_2^2 + \cdots + R_i^2 + R_{i+1}^2 + \cdots + R_j^2 + R_{j+1}^2 + \cdots + R_T^2 \tag{3-49}$$

若将工作 k 的开始时间右移一个时间单位. 即工作 k 从第 $i+1$ 个时间单位开始, 到第 $j+1$ 个时间单位完成, 则此时网络计划资源需用量的平方和为

$$\sum_{t=1}^{T} R_t^2 = R_1^2 + R_2^2 + \cdots + (R_i - r_k) + R_{i+1}^2 + \cdots + R_j^2 + (R_{j+1} + r_k)^2 + \cdots + R_T^2$$

(3-50)

比较公式(3-50)和公式(3-49)可以得到, 当工作 k 的开始时间右移一个时间单位时, 网络计划资源需用量平方和的增量 Δ 为

$$\Delta = (R_i - r_k)^2 - R_i^2 + (R_{j+1} + r_k)^2 - R_{j+1}{}^2$$

即:

$$\Delta = 2r_k(R_{j+1} + r_k - R_i)$$

(3-51)

如果资源需用量平方和的增量 Δ 为负值, 说明工作 k 的开始时间右移一个时间单位能使资源需用量的平方和减小, 也就使资源需用量的方差减小, 从而使资源需用量更均衡。因此, 工作 k 的开始时间能够右移的判别式是

$$\Delta = 2r_k(R_{j+1} + r_k - R_i) \leqslant 0$$

(3-52)

由于工作 k 的资源强度 r_k 不可能为负值。故判别式(3-52)可以简化为

$$R_{j+1} + r_k - R_i \leqslant 0$$

即:

$$R_{j+1} + r_k \leqslant R_i$$

(3-53)

判别式(3-53)表明, 当网络计划中工作 k 完成时间之后的一个时间单位所对应的资源需用量 R_{j+1} 与工作 k 的资源强度 r_k 之和, 不超过工作 k 开始时所对应的资源需用量 R_i 时, 将工作 k 右移一个时间单位能使资源需用量更加均衡。这时, 就应将工作 k 右移一个时间单位。

同理, 如果判别式(3-54)成立, 说明将工作 k 左移一个时间单位能使资源需用量更加均衡。这时, 就应将工作 k 左移一个时间单位:

$$R_{i-1} + r_k \leqslant R_j$$

(3-54)

如果工作 k 不满足判别式(3-53)或判别式(3-54), 说明工作 k 右移或左移一个时间单位不能使资源需用量更加均衡, 这时可以考虑在其总时差允许的范围内, 将工作 k 右移或左移数个时间单位。

向右移时, 判别式为

$$[(R_{j+1} + r_k) + (R_{j+2} + r_k) + (R_{j+3} + r_k) + \cdots] \leqslant [R_i + R_{i+1} + R_{i+2} + \cdots]$$ (3-55)

向左移时, 判别式为:

$$[(R_{i-1} + r_k) + (R_{i-2} + r_k) + (R_{i-3} + r_k) + \cdots] \leqslant [R_j + R_{j-1} + R_{j-2} + \cdots]$$ (3-56)

2) 优化步骤

按方差值最小的优化原理, "工期固定, 资源均衡"的优化一般可按以下步骤进行。

(1) 按照各项工作的最早开始时间安排进度计划, 并计算网络计划每个时间单位的资源需用量。

(2) 从网络计划的终点节点开始, 按工作完成节点编号值从大到小的顺序依次进行调整。当某一节点同时作为多项工作的完成节点时, 应先调整开始时间较迟的工作。

在调整工作时, 一项工作能够右移的条件如下。

① 工作具有机动时间,在不影响工期的前提下能够右移。

② 工作满足判别式(3-53)或式(3-54),或者满足判别式(3-55)或式(3-56)。

只有同时满足以上两个条件,才能调整该工作,将其右移至相应位置。

(3) 当所有工作均按上述顺序自右向左调整了一次之后,为使资源需用量更加均衡,再按上述顺序自右向左进行多次调整,直至所有工作不能右移为止。

3.5　单代号搭接网络计划和多级网络计划系统

3.5.1　单代号搭接网络计划

在前述双代号和单代号网络计划中,所表达的工作之间的逻辑关系是一种衔接关系,即只有当其紧前工作全部完成之后,本工作才能开始。紧前工作的完成为本工作的开始创造条件。但是在工程建设实践中,有许多工作的开始并不是以其紧前工作的完成为条件。只要其紧前工作开始一段时间后,即可进行本工作,而不需要等其紧前工作全部完成之后再开始。工作之间的这种关系称为搭接关系。

如果用前述简单的网络图来表达工作之间的搭接关系,将使得网络计划变得更加复杂。为了简单、直接地表达工作之间的搭接关系,使网络计划的编制得到简化,便出现了搭接网络计划。搭接网络计划一般都采用单代号网络图的表示方法,即以节点表示工作,以节点之间的箭线表示工作之间的逻辑顺序和搭接关系。

1. 搭接关系的种类及表达方式

在搭接网络计划中,工作之间的搭接关系是由相邻两项工作之间的不同时距决定的。所谓时距,就是在搭接网络计划中相邻两项工作之间的时间差值。

1) 结束到开始(FTS)的搭接关系

从结束到开始的搭接关系如图 3-35(a)所示,这种搭接关系在网络计划中的表达方式如图 3-35(b)所示。

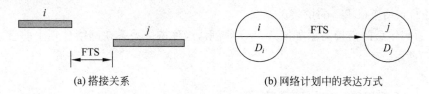

(a) 搭接关系　　　　　　　(b) 网络计划中的表达方式

图 3-35　FTS 搭接关系及其在网络计划中的表达方式

例如在修堤坝时,一定要等土堤自然沉降后才能修护坡,筑土堤与修护坡之间的等待时间就是 FTS 时距。

当 FTS 时距为零时,就说明本工作与其紧后工作之间紧密衔接。当网络计划中所有相邻工作只有 FTS 一种搭接关系且其时距均为零时,整个搭接网络计划就成为前述的单代号网络计划。

2）开始到开始（STS)的搭接关系

从开始到开始的搭接关系如图 3-36(a)所示.这种搭接关系在网络计划中的表达方式如图 3-36(b)所示。

例如在道路工程中,当路基铺设工作开始一段时间为路面浇筑工作创造一定条件之后,路面浇筑工作即可开始,路基铺设工作的开始时间与路面浇筑工作的开始时间之间的差值就是 STS 时距。

3）结束到结束（FTF)的搭接关系

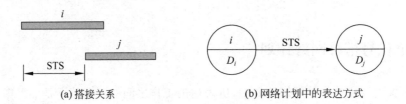

(a)搭接关系　　　　　(b)网络计划中的表达方式

图 3-36　STS 搭接关系及其在网络计划中的表达方式

从结束到结束的搭接关系如图 3-37(a)所示,这种搭接关系在网络计划中的表达方式如图 3-37(b)所示。

例如在前述道路工程中,如果路基铺设工作的进展速度小于路面浇筑工作的进展速度时,须考虑为路面浇筑工作留有充分的工作面。否则,路面浇筑工作就将因没有工作面而无法进行。路基铺设工作的完成时间与路面浇筑工作的完成时间之间的差值就是 FTF 时距。

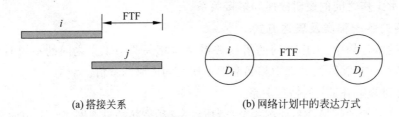

(a)搭接关系　　　　　(b)网络计划中的表达方式

图 3-37　FTF 搭接关系及其在网络计划中的表达方式

4）开始到结束（STF)的搭接关系

从开始到结束的搭接关系如图 3-38(a)所示,这种搭接关系在网络计划中的表达方式如图 3-38(b)所示。

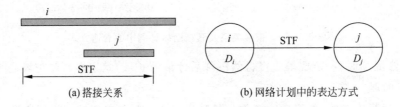

(a)搭接关系　　　　　(b)网络计划中的表达方式

图 3-38　STF 搭接关系及其在网络计划中的表达方式

5）混合搭接关系

在搭接网络计划中,除上述四种基本搭接关系外,相邻两项工作之间有时还会同时出现两种以上的基本搭接关系。例如工作 i 和工作 j 之间可能同时存在 STS 时距和 FTF 时距,或同时存在 STF 时距和 FTS 时距等,其表达方式如图 3-39 和图 3-40 所示。

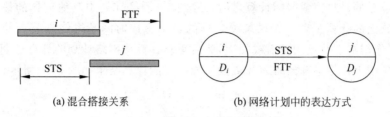

(a) 混合搭接关系　　　　(b) 网络计划中的表达方式

图 3-39　STS 和 FTF 混合搭接关系及其在网络计划中的表达方式

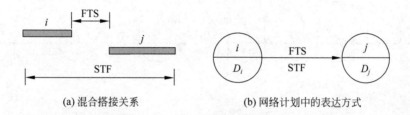

(a) 混合搭接关系　　　　(b) 网络计划中的表达方式

图 3-40　STF 和 FTS 混合搭接关系及其在网络计划中的表达方式

2. 搭接网络计划示例

单代号搭接网络计划时间参数的计算与前述单代号网络计划和双代号网络计划时间参数的计算原理基本相同。现以图 3-41 所示单代号搭接网络计划为例,说明其计算方法。

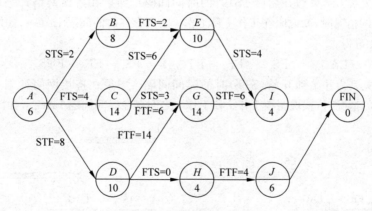

图 3-41　单代号搭接网络计划

1）计算工作的最早开始时间和最早完成时间

工作最早开始时间和最早完成时间的计算应从网络计划的起点节点开始,顺着箭线方向依次进行。

（1）单代号搭接网络计划中的起点节点的最早开始时间为零,最早完成时间应等于其最早开始时间与持续时间之和。

（2）其他工作的最早开始时间和最早完成时间应根据时距进行计算。当某项工作的最早开始时间出现负值时，应将该工作与起点节点用虚箭线相连后，重新计算该工作的最早开始时间和最早完成时间。

由于在搭接网络计划中，决定工期的工作不一定是最后进行的工作，因此，在用上述方法完成终点节点的最早完成时间计算之后，还应检查网络计划中其他工作的最早完成时间是否超过已算出的计算工期。如果某项工作的最早完成时间超过终点节点的最早完成时间，应将该工作与终点节点用虚箭线相连，然后重新计算该网络计划的计算工期。

本例中各项工作最早开始时间和最早完成时间的计算结果如图 3-42 所示。

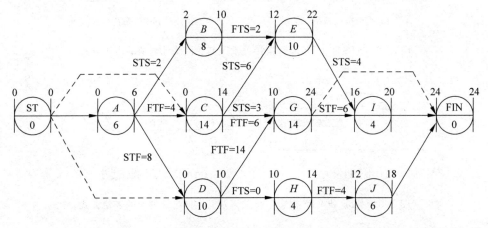

图 3-42　单代号搭接网络计划中工作 ES 和 EF 的计算结果

2）计算相邻两项工作之间的时间间隔

由于相邻两项工作之间的搭接关系不同，其时间间隔的计算方法也有所不同。

（1）搭接关系为结束到开始（FTS）时的时间间隔。如果在搭接网络计划中出现 $ES_j >(EF_i + FTS_{i,j})$ 的情况时，就说明在工作 i 和工作 j 之间存在时间间隔 $LAG_{i,j}$，如图 3-43 所示。

由图 3-43 可得：

$$LAG_{i,j} = ES_j - (EF_i + FTS_{i,j}) = ES_j - EF_i - FTS_{i,j} \qquad (3-57)$$

（2）搭接关系为开始到开始（STS）时的时间间隔。如果在搭接网络计划中出现 $ES_j >(ES_i + STS_{i,j})$ 的情况时，就说明在工作 i 和工作 j 之间存在时间间隔 $LAG_{i,j}$，如图 3-44 所示。

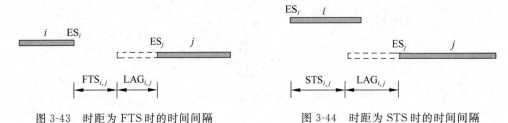

图 3-43　时距为 FTS 时的时间间隔　　　　图 3-44　时距为 STS 时的时间间隔

由图 3-44 可得：

$$LAG_{i,j} = ES_j - (EF_i + STS_{i,j}) = ES_j - ES_i - STS_{i,j} \qquad (3-58)$$

（3）搭接关系为结束到结束（FTF）时的时间间隔。如果在搭接网络计划中出现 $EF_j >(EF_i + FTF_{i,j})$ 的情况时，就说明在工作 i 和工作 j 之间存在时间间隔 $LAG_{i,j}$，如图 3-45 所示。

由图 3-45 可得：

$$LAG_{i,j} = EF_j - (EF_i + FTF_{i,j}) = EF_j - EF_i - FTF_{i,j} \tag{3-59}$$

（4）搭接关系为开始到结束（STF）时的时间间隔。如果在搭接网络计划中出现 $EF_j >$ $(ES_i + STF_{i,j})$ 的情况时，就说明在工作 i 和工作 j 之间存在时间间隔 $LAG_{i,j}$，如图 3-46 所示。

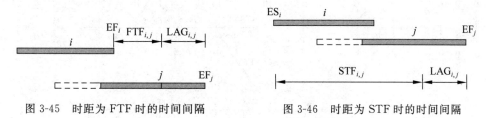

图 3-45　时距为 FTF 时的时间间隔　　　　图 3-46　时距为 STF 时的时间间隔

由图 3-46 可得：

$$LAG_{i,j} = EF_j - (ES_i + STF_{i,j}) = EF_j - ES_i - STF_{i,j} \tag{3-60}$$

（5）混合搭接关系时的时间间隔。当相邻两项工作之间存在两种时距及以上的搭接关系时，应分别计算出时间间隔，然后取其中的最小值。

3）计算工作的时差

搭接网络计划同前述简单的网络计划一样，其工作的时差也有总时差和自由时差两种。

（1）工作的总时差。搭接网络计划中工作的总时差可以利用公式（3-30）和公式（3-31）计算。但在计算出总时差后，需要根据公式（3-34）判别该工作的最迟完成时间是否超出计划工期。如果某工作的最迟完成时间超出计划工期，应将该工作与终点节点用虚箭线相连后，再计算其总时差。

（2）工作的自由时差。搭接网络计划中工作的自由时差可以利用公式（3-32）和公式（3-33）计算。

4）计算工作的最迟完成时间和最迟开始时间

工作的最迟完成时间和最迟开始时间可以利用公式（3-34）和公式（3-35）计算。

5）确定关键线路

同前述简单的单代号网络计划一样，可以利用相邻两项工作之间的时间间隔来判定关键线路。即从搭接网络计划的终点节点开始，逆着箭线方向依次找出相邻两项工作之间时间间隔为零的线路就是关键线路。关键线路上的工作即为关键工作，关键工作的总时差最小。

本例计算结果如图 3-47 所示，线路 $S \rightarrow D \rightarrow G \rightarrow F$ 为关键线路。关键工作是工作 D 和工作 G，而工作 S 和工作 F 为虚拟工作，其总时差均为零。

3.5.2　多级网络计划系统

对于大型建设工程来说，如果用横道图表示其进度计划，往往不能反映复杂工程中各项工作之间的逻辑关系，而且无法利用计算机进行计划的优化和调整；即使用一个网络图来表示其进度计划，也很难将大型复杂工程中的所有工作内容表达出来。利用若干个相互独立的单位工程网络计划或分部分项工程网络计划，也不能系统地表达出整个建设工程中各项工作之间的相互衔接和制约关系。这样，既不便于在计划编制过程中解决整个建设工程

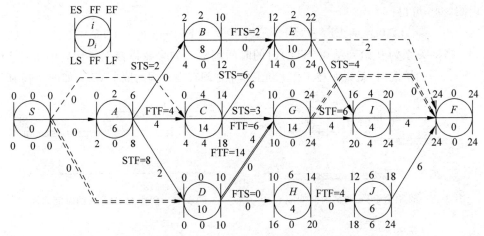

图 3-47　单代号搭接网络计划时间参数的计算结果

进度的总体平衡问题,也不便于在计划实施过程中解决整个建设工程进度的总体协调问题。为了有效地控制大型复杂建设工程进度,有必要编制多级网络计划系统。

多级网络计划系统是指由处于不同层级且相互有关联的若干网络计划所组成的系统。在该系统中,处于不同层级的网络计划既可以进行分解,成为若干独立的网络计划,也可以进行综合,形成一个多级网络计划系统。

例如在图 3-48 所示某地铁工程施工进度多级网络计划系统中,区间隧道施工进度网络计划、车站施工进度网络计划和车辆段施工进度网络计划等是整个地铁工程施工总进度网络计划的子网络,而各个区间隧道、各个车站的施工进度网络计划又分别是区间隧道施工进度网络计划和车站施工进度网络计划的子网络……这些网络计划既可以分解成独立的网络计划,又可以综合成一个多级网络计划系统。

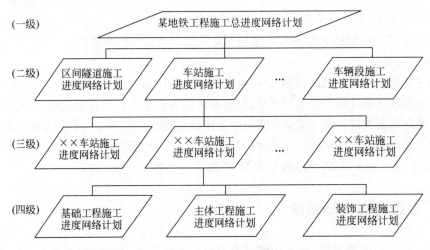

图 3-48　某地铁工程施工进度多级网络计划系统

1. 多级网络计划系统的特点

多级网络计划系统除具有一般网络计划的功能和特点以外,还有以下特点。

(1) 多级网络计划系统应分阶段逐步深化,其编制过程是一个由浅入深、从顶层到底层、由粗到细的过程,并且贯穿在该实施计划系统的始终。例如,如果多级网络计划系统是针对工程项目建设总进度计划而言的,由于工程设计及施工尚未开始,许多子项目还未形成,这时不可能编制出某个子项目在施工阶段的实施性进度计划。即使是针对施工总进度计划的多级网络计划系统,在编制施工总进度计划时,也不可能同时编制单位工程或分部分项工程详细的实施计划。

(2)多级网络计划系统中的层级与建设工程规模、复杂程度及进度控制的需要有关。对于一个规模巨大、工艺技术复杂的建设工程,不可能仅用一个总进度计划来实施进度控制,需要进度控制人员根据建设工程的组成分级编制进度计划,并经综合后形成多级网络计划系统。一般地,建设工程规模越大,其分解的层次越多,需要编制的进度计划(子网络)也就越多。例如在图 3-48 所示的某地铁工程施工进度多级网络计划系统中,根据地铁工程的组成结构,分四个层级编制网络计划。对于大型建设工程项目,从建设总体部署到分部分项工程施工,通常可分为五六个层级编制不同的网络计划。

(3)在多级网络计划系统中,不同层级的网络计划,应该由不同层级的进度控制人员编制。总体网络计划由决策层人员编制,局部网络计划由管理层人员编制,而细部网络计划则由作业层管理人员编制。局部网络计划需要在总体网络计划的基础上编制,而细部网络计划需要在局部网络计划的基础上编制。反过来,又以细部保局部,以局部保全局。

(4)多级网络计划系统可以随时进行分解和综合。既可以将其分解成若干个独立的网络计划,又可在需要时将这些相互有关联的独立网络计划综合成一个多级网络计划系统。例如在图 3-48 所示的某地铁工程施工进度多级网络计划系统中,建设单位可将各个车站的施工任务分别发包给不同施工单位。在各施工合同中明确各个车站开工、竣工日期的前提下,各施工单位可在合同规定的工期范围内,根据自身的施工力量和条件自由安排网络计划。只有在需要时,才将各个子网络计划进行综合,形成多级网络计划系统。

2. 多级网络计划系统的编制原则和方法

1)编制原则

根据多级网络计划系统的特点,编制时应遵循以下原则。

(1)整体优化原则。编制多级网络计划系统,必须从建设工程整体角度出发,进行全面分析,统筹安排。有些计划安排从局部看是合理的,但在整体上并不一定合理。因此,必须先编制总体进度计划,后编制局部进度计划,以局部计划来保证总体优化目标的实现。

(2)连续均衡原则。编制多级网络计划系统,要保证实施建设工程所需资源的连续性和资源需用量的均衡性。事实上,这也是一种优化。资源能够连续均衡地使用,可以降低工程建设成本。

(3)简明适用原则。过分庞大的网络计划不利于识图,也不便于使用。应根据建设工程实际情况,按不同的管理层级和管理范围分别编制简明适用的网络计划。

2)编制方法

多级网络计划系统的编制必须采用自顶向下、分级编制的方法。

(1)自顶向下是指编制多级网络计划系统时,应先编制总体网络计划,在此基础上编制局部网络计划,最后在局部网络计划的基础上编制细部网络计划。

(2)分级的多少应视工程规模、复杂程度及组织管理的需要而定,可以是二级、三级,也可以是四级、五级。必要时还可以再分级。

(3)分级编制网络计划应与科学编码相结合,以便于利用计算机进行绘图、计算和管理

3）图示模型

多级网络计划系统的图示模型如图 3-49 所示，该系统含有二级网络计划。这些网络计划既相互独立，又存在关联。既可以分解成一个个独立的网络计划，又可以综合成一个多级网络计划系统。

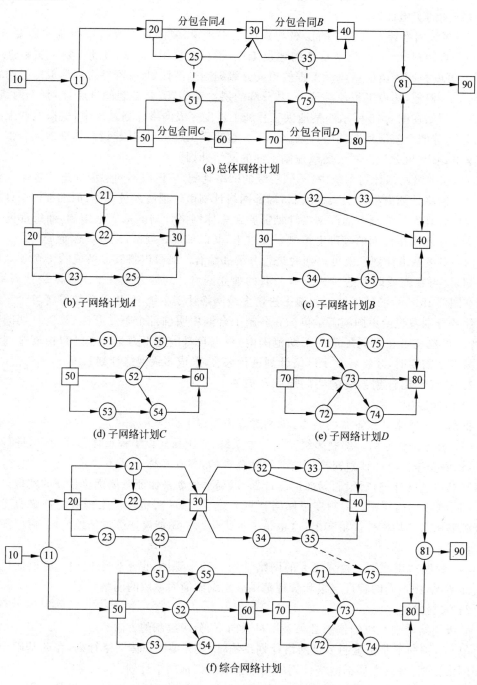

图 3-49　多级网络计划系统图示模型

单元 4 建设工程进度控制

4.1 建设工程进度控制的概念

1. 进度控制的概念

建设工程进度控制是指对工程项目建设各阶段的工作内容、工作程序、持续时间和衔接关系根据进度总目标及资源优化配置原则编制的计划，并付诸实施，然后在进度计划的实施过程中经常检查实际进度是否按计划要求进行，对出现的偏差情况进行分析，采取补救措施或调整、修改原计划后再付诸实施，如此循环，直到建设工程竣工验收交付使用。建设工程进度控制的最终目的是确保建设项目按预定的时间动用或提前交付使用，建设工程进度控制的总目标是建设工期。

由于在工程建设过程中存在着许多影响进度的因素，这些因素往往来自不同的部门和不同的时期，它们对建设工程进度产生着复杂的影响。因此，进度控制人员必须事先对影响建设工程进度的各种因素进行调查分析，预测它们对建设工程进度的影响程度，确定合理的进度控制目标，编制可行的进度计划，使工程建设工作始终按计划进行。

但是，不管进度计划的周密程度如何，其毕竟是人们的主观设想，在其实施过程中，必然会因为新情况的产生、各种干扰因素和风险因素的作用而发生变化，使人们难以执行原定的进度计划。为此，进度控制人员必须掌握动态控制原理，在计划执行过程中不断检查建设工程实际进展情况，并将实际状况与计划安排进行对比，从中得出偏离计划的信息。然后在分析偏差及其产生原因的基础上，通过采取组织、技术、经济等措施，维持原计划，使之能正常实施。如果采取措施后不能维持原计划，则需要对原进度计划进行调整或修正，再按新的进度计划实施。这样在进度计划的执行过程中进行不断的检查和调整，以保证建设工程进度得到有效控制。

2. 影响进度的因素分析

建设工程具有规模庞大、工程结构与工艺技术复杂、建设周期长及相关单位多等特点，决定了建设工程进度将受到许多因素的影响。要想有效地控制建设工程进度，就必须对影响进度的有利因素和不利因素进行全面、细致的分析和预测。这样，一方面可以促进对有利因素的充分利用和对不利因素的妥善预防；另一方面也便于事先制定预防措施，事中采取有效对策，事后进行妥善补救，以缩小实际进度与计划进度的偏差，实现对建设工程进度的主动控制和动态控制。

影响建设工程进度的不利因素有很多，如人为因素，技术因素，设备、材料及构配件因素，机具因素，资金因素，水文、地质与气象因素，以及其他自然与社会环境等方面的因素。

其中,人为因素是最大的干扰因素。从产生的根源看,有的来源于建设单位及其上级主管部门;有的来源于勘察设计、施工及材料、设备供应单位;有的来源于政府、建设主管部门、有关协作单位和社会;有的来源于各种自然条件;也有的来源于建设监理单位本身。在工程建设过程中,常见的影响因素如下。

(1)业主因素。如业主使用要求改变而进行设计变更;应提供的施工场地条件不能及时提供,或所提供的场地不能满足工程正常需要;不能及时向施工承包单位或材料供应商付款等。

(2)勘察设计因素。如勘察资料不准确,特别是地质资料错误或遗漏;设计内容不完善,规范应用不恰当,设计有缺陷或错误;设计对施工的可能性未考虑或考虑不周;施工图纸供应不及时、不配套,或出现重大差错等。

(3)施工技术因素。如施工工艺错误;不合理的施工方案;施工安全措施不当;不可靠技术的应用等。

(4)自然环境因素。如复杂的工程地质条件;不明的水文气象条件;地下埋藏文物的保护、处理;洪水、地震、台风等不可抗力等。

(5)社会环境因素。如外单位临近工程施工干扰;节假日交通、市容整顿的限制;临时停水、停电、断路;以及在国外常见的法律及制度变化、经济制裁、战争、骚乱、罢工、企业倒闭等。

(6)组织管理因素。如向有关部门提出各种申请审批手续的延误;合同签订时遗漏条款、表达失当;计划安排不周密,组织协调不力,导致停工待料、相关作业脱节;领导不力,指挥失当,使参加工程建设的各个单位、各个专业、各个施工过程之间交接、配合上发生矛盾等。

(7)材料、设备因素。如材料、构配件、机具、设备供应环节的差错,品种、规格、质量、数量、时间不能满足工程的需要;特殊材料及新材料的不合理使用;施工设备不配套,选型失当,安装失误,有故障等。

(8)资金因素。如有关方拖欠资金,资金不到位,资金短缺;汇率浮动和通货膨胀等。

正是由于上述因素的影响,才使得施工阶段的进度控制显得非常重要。上述某些影响因素,如自然灾害等是无法避免的,但在大多数情况下,其损失是可以通过有效的进度控制而得到弥补的。

4.2 建设工程进度控制计划体系

为了确保建设工程进度控制目标的实现,参与工程项目建设的各有关单位都要编制进度计划,并且控制这些进度计划的实施。建设工程进度控制计划体系主要包括建设单位的计划系统、监理单位的计划系统、设计单位的计划系统和施工单位的计划系统。

4.2.1 建设单位的计划系统

建设单位编制(也可委托监理单位编制)的进度计划包括工程项目前期工作计划、工程项目建设总进度计划和工程项目年度计划。

1. 工程项目前期工作计划

工程项目前期工作计划是指对工程项目可行性研究、项目评估及初步设计的工作进度安排,它可使工程项目前期决策阶段各项工作的时间得到控制。工程项目前期工作计划需要在预测的基础上编制,如表 4-1 所示。其中"建设性质"是指新建、改建或扩建;"建设规模"是指生产能力、使用规模或建筑面积等。

表 4-1 工程项目前期工作进度计划

项目名称	建设性质	建设规模	可行性研究		项目评估		初步设计	
			进度要求	负责单位和负责人	进度要求	负责单位和负责人	进度要求	负责单位和负责人

2. 工程项目建设总进度计划

工程项目建设总进度计划是指初步设计被批准后,在编报工程项目年度计划之前,根据初步设计,对工程项目从开始建设(设计、施工准备)至竣工投产(动用)全过程的统一部署。其主要目的是安排各单位工程的建设进度,合理分配年度投资,组织各方面的协作,保证初步设计所确定的各项建设任务的完成。工程项目建设总进度计划对于保证工程项目建设的连续性,增强工程建设的预见性,确保工程项目按期动用,都具有十分重要的作用。

工程项目建设总进度计划是编报工程建设年度计划的依据,其主要内容包括文字和表格两部分。

1) 文字部分

说明工程项目的概况和特点,安排建设总进度的原则和依据,建设投资来源和资金年度安排情况,技术设计、施工图设计、设备交付和施工力量进场时间的安排,道路、供电、供水等方面的协作配合及进度的衔接,计划中存在的主要问题及采取的措施,需要上级及有关部门解决的重大问题等。

2) 表格部分

(1) 工程项目一览表

工程项目一览表将初步设计中确定的建设内容,按照单位工程归类并编号,明确其建设内容和投资额,以便各部门按统一的口径确定工程项目投资额,并以此为依据对其进行管理。工程项目一览表如表 4-2 所示。

表 4-2 工程项目一览表

单位工程名称	工程编号	工程内容	概算额(千元)						备注
			合计	建筑工程费	安装工程费	设备工程费	工器具购置费	工程建设其他费用	

(2) 工程项目总进度计划

工程项目总进度计划是根据初步设计中确定的建设工期和工艺流程,具体安排单位工程的开工日期和竣工日期。工程项目总进度计划如表 4-3 所示。

表 4-3 工程项目总进度计划

工程编号	单位工程名称	工程量		××年				××年				……
		单位	数量	一季	二季	三季	四季	一季	二季	三季	四季	……

（3）投资计划年度分配表

投资计划年度分配表是根据工程项目总进度计划安排各个年度的投资，以便预测各个年度的投资规模，为筹集建设资金或与银行签订借款合同及制定分年用款计划提供依据，如表 4-4 所示。

表 4-4　投资计划年度分配表

工作编号	单位工程名称	投资额	投资分配（万元）					
……			××年	××年	××年	××年	××年	……
……								
	合计 其中： 建安工程投资 设备投资 工器具投资 其他投资							

（4）工程项目进度平衡表

工程项目进度平衡表用来明确各种设计文件交付日期、主要设备交货日期、施工单位进场日期、水电及道路接通日期等，以保证工程建设中各个环节相互衔接，确保工程项目按期投产或交付使用，如表 4-5 所示。

表 4-5　工程项目进度平衡表

工程编号	单位工程名称	开工日期	竣工日期	要求设计进度				要求设备进度			要求施工进度			协作配合进度				
				交付日期			设计单位	数量	交货日期	供货单位	进场日期	竣工日期	施工单位	道路通行日期	供电		供水	
				技术设计	施工图	设计清单									数量	日期	数量	日期

在此基础上，可以分别编制综合进度控制计划、设计进度控制计划、采购进度控制计划、施工进度控制计划和验收投产进度计划等。

3. 工程项目年度计划

工程项目年度计划是依据工程项目建设总进度计划和批准的设计文件进行编制的。该计划既要满足工程项目建设总进度计划的要求，又要与当年可能获得的资金、设备、材料、施工力量相适应。应根据分批配套投产或交付使用的要求，合理安排本年度建设的工程项目。工程项目年度计划主要包括文字和表格两部分内容。

1）文字部分

说明编制年度计划的依据和原则，建设进度、本年计划投资额及计划建造的建筑面积，施工图、设备、材料、施工力量等建设条件的落实情况，动力资源情况，对外部协作配合项目建设进度的安排或要求，需要上级主管部门协助解决的问题，计划中存在的其他问题，以及为完成计划而采取的各项措施等。

2）表格部分

（1）年度计划项目表

年度计划项目表是确定年度施工项目的投资额和年末形象进度，并阐明建设条件（图纸、设备、材料、施工力量）的落实情况，如表 4-6 所示。

表 4-6 年度计划项目表　　　投资：万元；面积：m²

工程编号	单位工程名称	开工日期	竣工日期	投资额	投资来源	年初完成			本年计划						年末形象进度	建设条件落实情况			
						投资额	建安投资	设备投资	投资			建筑面积				施工图	设备	材料	施工力量
									合计	建安	设备	新开工	续建	竣工					

（2）年度竣工投产交付使用计划表

年度竣工投产交付使用计划表是阐明各单位工程的建筑面积、投资额、新增固定资产、新增生产能力等建筑总规模及本年计划完成情况，并阐明其竣工日期，如表 4-7 所示。

表 4-7 年度竣工投产交付使用计划表　　　投资：万元；面积：m²

工程编号	单位工程名称	总规模				本年计划完成				
		建筑面积	投资	新增固定资产	新增生产能力	竣工日期	建设面积	投资	新增固定资产	新增生产能力

（3）年度建设资金平衡表

年度建设资金平衡表的格式如表 4-8 所示。

表 4-8 年度建设资金平衡表　　　单位：万元

工程编号	单位工程名称	本年计划投资	动用内部资金	储备资金	本年计划需要资金	资金来源				
						预算拨款	自筹资金	建设贷款	国外贷款	……

（4）年度设备平衡表

年度设备平衡表的格式如表 4-9 所示。

表 4-9 年度设备平衡表

工程编号	单位工程名称	设备名称和规格	要求到货		自制		订货	
			数量	时间	数量	完成时间	数量	到货时间

4.2.2　监理单位的计划系统

监理单位除对被监理单位的进度计划进行监控外,自己也应编制有关进度计划,以便更有效地控制建设工程实施进度。

1. 监理总进度计划

在对建设工程实施全过程监理的情况下,监理总进度计划是依据工程项目可行性研究报告、工程项目前期工作计划和工程项目建设总进度计划编制的,其目的是对建设工程进度控制总目标进行规划,明确建设工程前期准备、设计、施工、动用前准备及项目动用等各个阶段的进度安排。监理总进度计划如表 4-10 所示。

表 4-10　监理总进度计划

建设阶段	各阶段进度																......
	××年				××年				××年				××年				......
	1	2	3	4	1	2	3	4	1	2	3	4	1	2	3	4	......
前期准备																	
设计																	
施工																	
动用前准备																	
项目动用																	

2. 监理总进度分解计划

1) 按工程进展阶段分解

包括:①设计准备阶段进度计划;②设计阶段进度计划;③施工阶段进度计划;④动用前准备阶段进度计划。

2) 按时间分解

包括:①年度进度计划;②季度进度计划;③月度进度计划。

4.2.3　设计单位的计划系统

设计单位的计划系统包括:设计总进度计划、阶段性设计进度计划和设计作业进度计划。

1. 设计总进度计划

设计总进度计划主要用来安排自设计准备开始至施工图设计完成的总设计时间内所包含的各阶段工作的开始时间和完成时间,从而确保设计进度控制总目标的实现,见表 4-11。

表 4-11　设计总进度计划

阶段名称	进度(月)																	
	1	2	3	4	5	6	7	8	9	10	11	12	13	14	15	16	17	18
设计准备																		
方案设计																		
初步设计																		
技术设计																		
施工图设计																		

2. 阶段性设计进度计划

阶段性设计进度计划包括：设计准备工作进度计划、初步设计（技术设计）工作进度计划和施工图设计工作进度计划。这些计划是用来控制各阶段的设计进度，从而实现阶段性设计进度目标。在编制阶段性设计进度计划时，必须考虑设计总进度计划对各个设计阶段的时间要求。

1) 设计准备工作进度计划

设计准备工作进度计划中一般要考虑规划设计条件的确定、设计基础资料的提供及委托设计等工作的时间安排，见表4-12。表中的项目还可根据需要进一步细化。

表4-12　设计准备工作进度计划

工作内容	进度（周）														
	2	4	6	8	10	12	14	16	18	20	22	24	26	28	30
确定规划设计条件															
提供设计基础资料															
委托设计															

2) 初步设计（技术设计）工作进度计划

初步设计（技术设计）工作进度计划要考虑方案设计、初步设计、技术设计、设计的分析评审、概算的编制、修正概算的编制以及设计文件审批等工作的时间安排，一般按单位工程编制，见表4-13。

表4-13　××单位工程初步设计（技术设计）工作进度计划

工作内容	进度（周）																	
	1	2	3	4	5	6	7	8	9	10	11	12	13	14	15	16	17	18
方案设计																		
初步设计																		
编制概算																		
技术设计																		
编制修正概算																		
分析评审																		
审批设计																		

3) 施工图设计工作进度计划

施工图设计工作进度计划主要考虑各单位工程的设计进度及其搭接关系，见表4-14。

表4-14　××工程施工图设计工作进度计划

工程名称	建筑规模	设计工日定额（工日）	设计人数	进度（天）									
				1	2	3	4	5	6	7	8	9	10
××工程													
××工程													
××工程													
××工程													
××工程													

3. 设计作业进度计划

为了控制各专业的设计进度,并作为设计人员承包设计任务的依据,应根据施工图设计工作进度计划、单位工程设计工日定额及所投入的设计人员数,编制设计作业进度计划,见表 4-15。

表 4-15　××工程施工图设计工作进度计划

工作内容	工日定额	设计人数	进度(天)												
			2	4	6	8	10	12	14	16	18	20	22	24	26	28
工艺设计															
建筑设计															
结构设计															
给排水设计															
通风设计															
电气设计															
审查设计															

4.2.4　施工单位的计划系统

施工单位的进度计划包括:施工准备工作计划、施工总进度计划、单位工程施工进度计划及分部分项工程进度计划。

1. 施工准备工作计划

施工准备工作的主要任务是为建设工程的施工创造必要的技术和物资条件,统筹安排施工力量和施工现场。施工准备的工作内容通常包括:技术准备、物资准备、劳动组织准备、施工现场准备和施工场外准备。为落实各项施工准备工作,加强检查和监督,应根据各项施工准备工作的内容、时间、人员,编制施工准备工作计划,见表 4-16。

表 4-16　施工准备工作计划

序号	施工准备项目	简要内容	负责单位	负责人	开始时间	完成时间	备注

2. 施工总进度计划

施工总进度计划是根据施工部署中施工方案和工程项目的开展程序,对全工地所有单位工程做出时间上的安排。其目的在于确定各单位工程及全工地性工程的施工期限及开竣工日期,进而确定施工现场劳动力、材料、成品、半成品、施工机械的需要数量和调配情况,以及现场临时设施的数量、水电供应量和能源、交通需求量。因此,科学、合理地编制施工总进度计划,是保证整个建设工程按期交付使用,充分发挥投资效益,降低建设工程成本的重要条件。

3. 单位工程施工进度计划

单位工程施工进度计划是在既定施工方案的基础上,根据规定的工期和各种资源供应条件,遵循各施工过程的合理施工顺序,对单位工程中的各施工过程做出时间和空间上的安排,并以此为依据,确定施工作业所必需的劳动力、施工机具和材料供应计划。因此,合理安排单位工程施工进度,是保证在规定工期内完成符合质量要求的工程任务的重要前提。同时,为编制各种资源需要量计划和施工准备工作计划提供依据。

4. 分部分项工程进度计划

分部分项工程进度计划是针对工程量较大或施工技术比较复杂的分部分项工程,在依据工程具体情况所制定的施工方案基础上,对其各施工过程所做出的时间安排。如:大型基础土方工程、复杂的基础加固工程、大体积混凝土工程、大型桩基工程、大面积预制构件吊装工程等,均应编制详细的进度计划,以保证单位工程施工进度计划的顺利实施。此外,为了有效地控制建设工程施工进度,施工单位还应编制年度施工计划、季度施工计划和月(旬)作业计划,将施工进度计划逐层细化,形成一个旬保月、月保季、季保年的计划体系。

4.3 施工阶段进度控制目标的确定

1. 施工进度控制目标体系

保证工程项目按期建成交付使用,是建设工程施工阶段进度控制的最终目的。为了有效地控制施工进度,首先要将施工进度总目标从不同角度进行层层分解,形成施工进度控制目标体系,从而作为实施进度控制的依据。建设工程施工进度控制目标体系如图4-1所示。

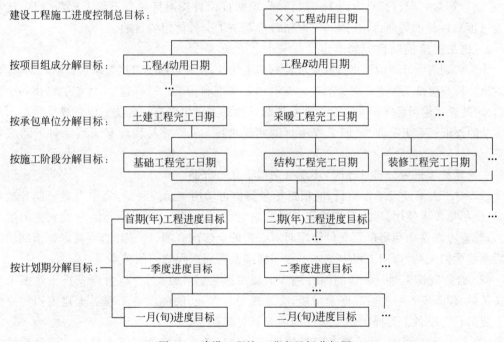

图 4-1 建设工程施工进度目标分解图

从图4-1可以看出,建设工程不但要有项目建成交付使用的确切日期这个总目标,还要有各单位工程交工动用的分目标以及按承包单位、施工阶段和不同计划期划分的分目标。

各目标之间相互联系,共同构成建设工程施工进度控制目标体系。其中,下级目标受上级目标的制约,下级目标保证上级目标,最终保证施工进度总目标的实现。

1) 按项目组成分解,确定各单位工程开工及交工动用日期

各单位工程的进度目标在工程项目建设总进度计划及建设工程年度计划中都有体现。在施工阶段应进一步明确各单位工程的开工和交工动用日期,以确保施工总进度目标的实现。

2) 按承包单位分解,明确分工条件和承包责任

在一个单位工程中有多个承包单位参加施工时,应按承包单位将单位工程的进度目标分解,确定出各分包单位的进度目标,列入分包合同,以便落实分包责任,并根据各专业工程交叉施工方案和前后衔接条件,明确不同承包单位工作面交接的条件和时间。

3) 按施工阶段分解,划定进度控制分界点

根据工程项目的特点,应将其施工分成几个阶段,如土建工程可分为基础、结构和内外装修阶段。每一阶段的起止时间都要有明确的标志,特别是不同单位承包的不同施工段之间,更要明确划定时间分界点,以此作为形象进度的控制标志,从而使单位工程动用目标具体化。

4) 按计划期分解,组织综合施工

将工程项目的施工进度控制目标按年度、季度、月(或旬)进行分解,并用实物工程量、货币工作量及形象进度表示,将更有利于监理工程师明确对各承包单位的进度要求。同时,还可以据此监督其实施,检查其完成情况。计划期越短,进度目标越细,进度跟踪就越及时,发生进度偏差时也就更能有效地采取措施予以纠正。这样,就形成一个有计划、有步骤协调施工、长期目标对短期目标自上而下逐级控制、短期目标对长期目标自下而上逐级保证、逐步趋近进度总目标的局面,最终达到工程项目按期竣工交付使用的目的。

2. 施工进度控制目标的确定

为了提高进度计划的预见性和进度控制的主动性,在确定施工进度控制目标时,必须全面细致地分析与建设工程进度有关的各种有利因素和不利因素。只有这样,才能制订出一个科学、合理的进度控制目标。确定施工进度控制目标的主要依据有:建设工程总进度目标对施工工期的要求;工期定额、类似工程项目的实际进度;工程难易程度和工程条件的落实情况等。

在确定施工进度分解目标时,还要考虑以下几个方面。

(1) 对于大型建设工程项目,应根据尽早提供可动用单元的原则,集中力量分期分批建设,以便尽早投入使用,尽快发挥投资效益。这时,为保证每一动用单元能形成完整的生产能力,就要考虑这些动用单元交付使用时所必需的全部配套项目。因此,要处理好前期动用和后期建设的关系、每期工程中主体工程与辅助及附属工程之间的关系等。

(2) 合理安排土建与设备的综合施工。要按照它们各自的特点,合理安排土建施工与设备基础、设备安装的先后顺序及搭接、交叉或平行作业,明确设备工程对土建工程的要求和土建工程为设备工程提供施工条件的内容及时间。

(3) 结合本工程的特点,参考同类建设工程的经验来确定施工进度目标。避免只按主观愿望盲目确定进度目标,从而在实施过程中造成进度失控。

(4) 做好资金供应能力、施工力量配备、物资(材料、构配件、设备)供应能力与施工进度的平衡工作,确保工程进度目标的实现而不使其落空。

（5）考虑外部协作条件的配合情况。包括施工过程中及项目竣工动用所需的水、电、气、通信、道路及其他社会服务项目的满足程序和满足时间。它们必须与有关项目的进度目标相协调。

（6）考虑工程项目所在地区地形、地质、水文、气象等方面的限制条件。

总之，要想对工程项目的施工进度实施控制，就必须有明确、合理的进度目标（进度总目标和进度分目标）；否则，控制便失去了意义。

4.4　施工进度控制原理

1. 动态控制原理

施工进度控制是一个不断进行的动态控制，也是一个循环进行的过程。它是从工程施工开始，实际进度就出现了运动的轨迹，也就是计划进入执行的动态。实际进度按照计划进度进行时，两者相吻合；当实际进度与计划进度不一致时，便产生超前或落后的偏差。分析偏差的原因，采取相应的措施，调整原来的计划，使两者在新的起点上重合，继续按其进行施工活动，并且尽量发挥组织管理的作用，使实际工作按计划进行。但是在新的影响因素作用下，又会产生新的偏差。施工进度计划控制就是采用这种动态循环的控制方法。动态控制基本原理如图 4-2 所示。

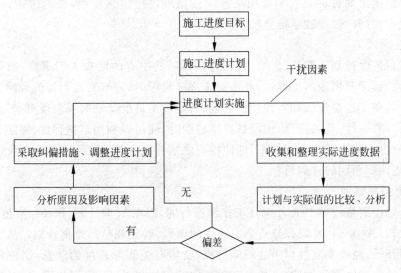

图 4-2　动态控制基本原理

2. 系统性原理

1）施工项目计划系统

为了对建筑工程施工实行进度计划控制，首先必须编制工程施工的各种进度计划。其中有工程施工总进度计划、单位工程施工进度计划、分部分项工程施工进度计划、季度和月（旬）作业计划，这些计划组成一个工程施工进度计划系统。计划的编制对象由大到小，计划的内容由粗到细。编制时从总体计划到局部计划，逐层进行控制目标分解，以保证计划控制目标落实。执行计划时,从月(旬)作业计划开始实施,逐级按目标控制,从而达到对施工整体进度目标控制。

2)施工进度实施组织系统

施工实施全过程的各专业队伍都是遵照计划规定的目标去努力完成一个个任务的。施工项目经理和有关劳动调配、材料设备、采购运输等各职能部门都按照施工进度规划要求进行严格管理、落实和完成各自的任务。施工组织各级负责人,从项目经理、施工队长、班组长及其所属全体成员组成了施工项目实施的完整组织系统。

3)施工进度控制组织系统

为了保证施工的工程进度实施还有一个工程进度的检查控制系统。从公司经理、项目经理,一直到作业班组都设有专门职能部门或人员负责检查汇报,统计整理实际施工进度的资料,并与计划进度比较分析和进行调整。当然不同层次人员负有不同进度控制职责,分工协作,形成一个纵横连接的施工项目控制组织系统。事实上有的领导可能既是计划的实施者,又是计划的控制者。实施是计划控制的落实,控制是保证计划按期实施。监理工程师对建筑施工进度进行检查和控制,确保进度目标实现。

4)信息反馈原理

信息反馈是工程施工进度控制的主要环节,施工的实际进度通过信息反馈给基层施工项目进度控制的管理人员,在分工的职责范围内,经过对其加工处理,再将信息逐级向上反馈,直到主控制室,主控制室整理统计各方面的信息,经比较分析做出决策,调整进度计划,仍使其符合预定工期目标。若不应用信息反馈原理进行信息反馈,则无法进行计划控制。施工项目进度控制的过程就是信息反馈的过程。

5)弹性原理

施工项目进度计划工期长、影响进度的因素多,其中有的已被人们掌握,根据统计经验估计出影响的程度和出现的可能性,并在确定进度目标时,进行实现目标的风险分析。进度计划编制者具备了这些知识和实践经验之后,编制施工进度计划时就会留有余地,从而使施工进度计划具有弹性。在进行施工项目进度控制时,便可以利用这些弹性,缩短有关工作的时间,或者改变它们之间的搭接关系,即使检查之前拖延了工期,通过缩短剩余计划工期的方法,仍然能达到预期的计划目标。

6)封闭循环原理

进度计划控制是按照 PDCA 循环工作法进行的,PDCA[即计划(Plan)、实施(Do)、检查(Check)、处理(Action)]发现和分析影响进度的原因,确定调整措施再计划。从编制项目施工进度计划开始,经过实施过程中的跟踪检查,收集有关实际进度的信息,比较和分析实际进度与施工计划进度之间的偏差,找出产生原因和解决办法,确定调整措施,再修改原进度计划,形成一个封闭的循环系统。

7)网络计划技术原理

在施工项目进度的控制中利用网络计划技术原理编制进度计划,根据收集的实际进度信息,比较和分析进度计划,然后利用网络计划的工期优化、工期与成本优化和资源优化的理论调整计划。网络计划技术原理是施工项目进度控制的完整的计划管理和分析计算理论基础。

4.5　施工进度控制措施

为了有效控制工程进度,进度控制管理人员(施工和监理人员)必须根据建设工程的具体情况,认真分析影响进度的各种原因,制定符合实际、具有针对性的进度控制措施,以确保建筑施工进度控制目标的实现。进度控制的措施主要包括组织、技术、经济及合同措施。

1. 组织措施

建筑施工进度控制的组织措施如下。

(1) 建立进度目标控制体系,明确现场承包商和监理组织机构中进度控制人员及其职责分工。

(2) 建立工程进度报告制度及进度信息沟通网络,确保各种信息的准确性和及时性。

(3) 建立进度计划审核制度和进度计划实施中的检查分析制度。

(4) 建立进度协调会议制度,一般可以通过例会进行协调,确定协调会议举行的时间、地点、协调会议的参加人员等。

(5) 建立图纸审查、工程变更和设计变更管理制度。

2. 技术措施

建筑施工进度控制的技术措施如下。

(1) 审查承包商提交的进度计划,使承包商能在满足进度目标和合理的状态下施工。

(2) 编制监理人员所需的进度控制实施细则,指导监理人员实施进度控制。

(3) 采用网络计划技术及其他科学适用的计划技术,并结合计算机各种进度管理软件的应用,对建筑工程施工进度实施动态控制。

3. 经济措施

建筑施工进度控制的经济措施如下。

(1) 管理人员及时办理工程预付款及工程进度款支付手续。

(2) 管理单位应要求业主对非施工单位原因的应急赶工给予优厚的赶工费用或给予适当的奖励。

(3) 若施工工期提前,建设单位对施工单位应有必要的奖励政策。

(4) 管理单位协助业主对施工单位造成的工程延误收取误期损失赔偿金,加强索赔管理,公正地处理索赔。

4. 合同措施

建筑施工进度控制的合同措施如下。

(1) 加强合同管理,协调合同工期与进度计划的管理,保证合同中工期目标的实现。

(2) 推行 CM 承发包模式,对建设工程实行分段设计、分段发包和分段施工。

(3) 严格控制合同变更,对各方提出的工程变更和设计变更,管理工程师应严格审查后再补入合同文件中。

(4) 加强风险管理,在合同中应充分考虑风险因素及其对进度的影响,以及相应的处理方法。

4.6 实际进度与计划进度的比较方法

实际进度与计划进度的比较是建设工程进度监测的主要环节。常用的进度比较方法有横道图、S曲线、香蕉曲线、前锋线和列表比较法。

4.6.1 横道图比较法

横道图比较法是指将项目实施过程中检查实际进度收集到的数据,经加工整理后直接用横道线平行绘于原计划的横道线处,进行实际进度与计划进度的比较方法。采用横道图比较法,可以形象、直观地反映实际进度与计划进度的比较情况。

例如某工程项目基础工程的计划进度和截止到第9周末的实际进度如图4-3所示,其中双线条表示该工程计划进度,粗实线表示实际进度。从图中实际进度与计划进度的比较可以看出,到第9周末进行实际进度检查时,挖土方和做垫层两项工作已经完成;支模板按计划也应该完成,但实际只完成75%,任务量拖欠25%;绑扎钢筋按计划应该完成60%,而实际只完成20%,任务量拖欠40%。

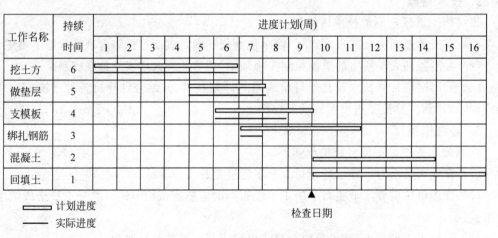

图 4-3 某基础工程实际进度与计划进度比较图

根据各项工作的进度偏差,进度控制者可以采取相应的纠偏措施对进度计划进行调整,以确保该工程按期完成。

图4-3所表达的比较方法仅适用于工程项目中的各项工作都是匀速进展的情况,即每项工作在单位时间内完成的任务量都相等。事实上,工程项目中各项工作的进展不一定是匀速的。根据工程项目中各项工作的进展是否匀速,可分别采用以下两种方法进行实际进度与计划进度的比较。

1. 匀速进展横道图比较法

匀速进展是指在工程项目中,每项工作在单位时间内完成的任务量都是相等的,即工作的进展速度是均匀的。此时,每项工作累计完成的任务量与时间呈线性关系,如图4-4所

示。完成的任务量可以用实物工程量、劳动消耗量或费用支出表示。为了便于比较,通常用
上述物理量的百分比表示。

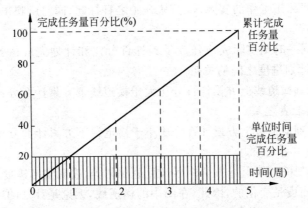

图 4-4 工作匀速进展时任务量与时间关系曲线

采用匀速进展横道图比较法时,其步骤如下。

(1) 编制横道图进度计划。

(2) 在进度计划上标出检查日期。

(3) 将检查收集到的实际进度数据经加工整理后按比例用涂黑的粗线标于计划进度的
下方,如图 4-5 所示。

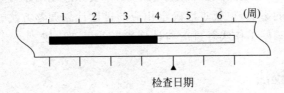

图 4-5 匀速进展横道图比较图

(4) 对比分析实际进度与计划进度。

① 如果涂黑的粗线右端落在检查日期左侧,表明实际进度拖后。

② 如果涂黑的粗线右端落在检查日期右侧,表明实际进度超前。

③ 如果涂黑的粗线右端与检查日期重合,表明实际进度与计划进度一致。

必须指出,该方法仅适用于工作从开始到结束的整个过程中,其进展速度均为固定不变
的情况。如果工作的进展速度是变化的,则不能采用这种方法进行实际进度与计划进度的
比较,否则,会得出错误的结论。

2. 非匀速进展横道图比较法

当工作在不同单位时间里的进展速度不相等时,累计完成的任务量与时间的关系就不
可能是线性关系。此时,应采用非匀速进展横道图比较法进行工作实际进度与计划进度的
比较。非匀速进展横道图比较法在用涂黑粗线表示工作实际进度的同时,还要标出其对应
时刻完成任务量的累计百分比,并将该百分比与其同时刻计划完成任务量的累计百分比相
比较,判断工作实际进度与计划进度之间的关系。

采用非匀速进展横道图比较法时,其步骤如下。

(1) 编制横道图进度计划。

（2）在横道线上方标出各主要时间工作的计划完成任务量累计百分比。

（3）在横道线下方标出相应时间工作的实际完成任务量累计百分比。

（4）用涂黑粗线标出工作的实际进度，从开始之日标起，同时反映出该工作在实施过程中的连续与间断情况。

（5）通过比较同一时刻实际完成任务量累计百分比和计划完成任务量累计百分比，判断工作实际进度与计划进度之间的关系。

① 如果同一时刻横道线上方累计百分比大于横道线下方累计百分比，表明实际进度拖后，拖欠的任务量为二者之差。

② 如果同一时刻横道线上方累计百分比小于横道线下方累计百分比，表明实际进度超前，超前的任务量为二者之差。

③ 如果同一时刻横道线上下方两个累计百分比相等，表明实际进度与计划进度一致。

由于工作进展速度是变化的，因此，在图中的横道线，无论是计划的还是实际的，只能表示工作的开始时间、完成时间和持续时间，并不表示计划完成的任务量和实际完成的任务量。此外，采用非匀速进展横道图比较法，不仅可以进行某一时刻（如检查日期）实际进度与计划进度的比较，而且能进行某一时间段实际进度与计划进度的比较。当然，这需要实施部门按规定的时间记录当时的任务完成情况。

横道图比较法虽有记录和比较简单、形象直观、易于掌握、使用方便等优点，但由于其以横道计划为基础，因而带有不可克服的局限性。在横道计划中，各项工作之间的逻辑关系表达不明确，关键工作和关键线路无法确定。某些工作实际进度出现偏差时，难以预测其对后续工作和工程总工期的影响，也就难以确定相应的进度计划调整方法。因此，横道图比较法主要用于工程项目中某些工作实际进度与计划进度的局部比较。

4.6.2 S曲线比较法

S曲线比较法是以横坐标表示时间，纵坐标表示累计完成任务量，绘制一条按计划时间累计完成任务量的S曲线，然后将工程项目实施过程中各检查时间实际累计完成任务量的S曲线也绘制在同一坐标系中，进行实际进度与计划进度比较的一种方法。

从整个工程项目实际进展全过程看，单位时间投入的资源量一般是开始和结束时较少，中间阶段较多。与其相对应，单位时间完成的任务量也呈同样的变化规律，如图4-6（a）所示。而随工程进展累计完成的任务量则应呈S形变化，如图4-6（b）所示。由于其形似英文字母"S"，S曲线因此而得名。

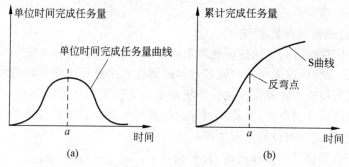

图 4-6　时间与完成任务量关系曲线

1．S 曲线的绘制方法

下面以一简例说明 S 曲线的绘制方法。

【例 4-1】　某混凝土工程的浇筑总量为 2000m³，按照施工方案，计划 9 个月完成，每月计划完成的混凝土浇筑量如图 4-7 所示，试绘制该混凝土工程的计划 S 曲线。

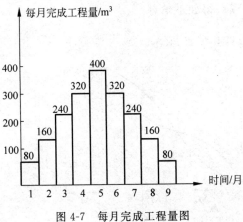

图 4-7　每月完成工程量图

【解】　根据已知条件：

（1）确定单位时间计划完成任务量。将每月计划完成混凝土浇筑量列于表 4-17 中。

表 4-17　完成工程量汇总表

时间（月）	1	2	3	4	5	6	7	8	9
每月完成量（m³）	80	160	240	320	400	320	240	160	80
累计完成量（m³）	80	240	480	800	1200	1520	1760	1920	2000

（2）计算不同时间累计完成任务量。依次计算每月计划累计完成的混凝土浇筑量，结果列于表 4-17 中。

（3）根据累计完成任务量绘制 S 曲线。根据每月计划累计完成混凝土浇筑量绘制的 S 曲线如图 4-8 所示。

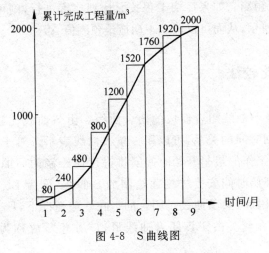

图 4-8　S 曲线图

2. 实际进度与计划进度的比较

同横道图比较法一样，S曲线比较法也是在图上进行工程项目实际进度与计划进度的直观比较。在工程项目实施过程中，按照规定时间将检查收集到的实际累计完成任务量绘制在原计划S曲线图上，即可得到实际进度S曲线，如图4-9所示。通过比较实际进度S曲线和计划进度S曲线，可以获得如下信息。

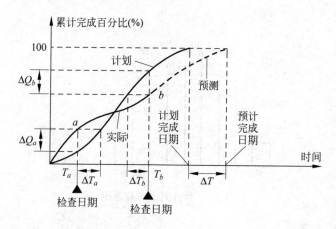

图4-9　S曲线比较图

（1）工程项目实际进展状况：如果工程实际进展点落在计划S曲线左侧，表明此时实际进度比计划进度超前，如图4-9中的a点；如果工程实际进展点落在S计划曲线右侧，表明此时实际进度拖后，如图4-9中的b点；如果工程实际进展点正好落在计划S曲线上，则表示此时实际进度与计划进度一致。

（2）工程项目实际进度比计划进度超前或拖后的时间在S曲线比较图中可以直接读出。如图4-9所示，ΔT_a表示T_a时刻实际进度超前的时间；ΔT_b表示T_b时刻实际进度拖后的时间。

（3）在S曲线比较图中也可直接读出实际进度比计划进度超额或拖欠的任务量。如图4-9所示，ΔQ_a表示T_a时刻超额完成的任务量，ΔQ_b表示T_b时刻拖欠的任务量。

（4）后期工程进度预测。如果后期工程按原计划速度进行，则可做出后期工程计划S曲线，如图4-9中虚线所示，从而可以确定工期拖延预测值ΔT。

4.6.3　香蕉曲线比较法

香蕉曲线是由两条S曲线组合而成的闭合曲线。由S曲线比较法可知，工程项目累计完成的任务量与计划时间的关系，可以用一条S曲线表示。对于一个工程项目的网络计划来说，以其中各项工作的最早开始时间安排进度而绘制的S曲线，称为ES曲线；以其中各项工作的最迟开始时间安排进度而绘制的S曲线，称为LS曲线。两条S曲线具有相同的起点和终点，因此，两条曲线是闭合的。在一般情况下，ES曲线上的其余各点均落在LS曲线相应点的左侧。由于该闭合曲线形似"香蕉"，故称为香蕉曲线，如图4-10所示。

1. 香蕉曲线比较法的作用

香蕉曲线比较法能直观地反映工程项目的实际进展情况,并可以获得比S曲线更多的信息。其主要作用有以下几点。

1)合理安排工程项目进度计划

如果工程项目中的各项工作均按其最早开始时间安排进度,将导致项目的投资加大;而如果各项工作都按其最迟开始时间安排进度,则一旦受到进度影响因素的干扰,又将导致工期拖延,使工程进度风险加大。因此,一个科学合理的进度计划优化曲线应处于香蕉曲线所包络的区域内,如图4-10中的点画线所示。

2)定期比较工程项目的实际进度与计划进度

在工程项目的实施过程中,根据每次检查收集到的实际完成任务量,绘制出实际进度S曲线,便可以与计划进度进行比较。工程项目实施进度的理想状态是任一时刻工程实际进展点应落在香蕉曲线图的范围内。如果工程实际进展点落在ES曲线的左侧,表明此刻实际进度比各项工作按其最早开始时间安排的计划进度超前;如果工程实际进展点落在LS曲线的右侧,则表明此刻实际进度比各项工作按其最迟开始时间安排的计划进度拖后。

3)预测后期工程进展趋势

利用香蕉曲线可以对后期工程的进展情况进行预测。例如在图4-11中,该工程项目在检查日期实际进度超前。检查日期之后的后期工程进度安排如图中虚线所示,预计该工程项目将提前完成。

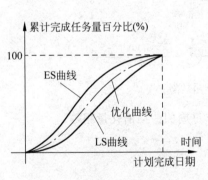

图4-10 香蕉曲线比较图

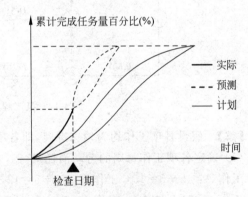

图4-11 工程进展趋势预测图

2. 香蕉曲线的绘制方法

香蕉曲线的绘制方法与S曲线的绘制方法基本相同,不同之处在于香蕉曲线是以工作按最早开始时间安排进度和按最迟开始时间安排进度分别绘制的两条S曲线组合而成。其绘制步骤如下。

(1)以工程项目的网络计划为基础,计算各项工作的最早开始时间和最迟开始时间。

(2)确定各项工作在各单位时间的计划完成任务量,分别按以下两种情况考虑。

① 根据各项工作按最早开始时间安排的进度计划,确定各项工作在各单位时间的计划完成任务量。

② 根据各项工作按最迟开始时间安排的进度计划,确定各项工作在各单位时间的计划

完成任务量。

（3）计算工程项目总任务量，即对所有工作在各单位时间计划完成的任务量累加求和。

（4）分别根据各项工作按最早开始时间、最迟开始时间安排的进度计划，确定工程项目在各单位时间计划完成的任务量，即将各项工作在某一单位时间内计划完成的任务量求和。

（5）分别根据各项工作按最早开始时间、最迟开始时间安排的进度计划，确定不同时间累计完成的任务量或任务量的百分比。

（6）绘制香蕉曲线。分别根据各项工作按最早开始时间、最迟开始时间安排的进度计划而确定的累计完成任务量或任务量的百分比描绘各点，并连接各点得到 ES 曲线和 LS 曲线，由 ES 曲线和 LS 曲线组成香蕉曲线。

在工程项目实施过程中，根据检查得到的实际累计完成任务量，按同样的方法在原计划香蕉曲线图上绘出实际进度曲线，便可以进行实际进度与计划进度的比较。

【例 4-2】 某工程项目网络计划如图 4-12 所示，图中箭线上方括号内数字表示各项工作计划完成的任务量，以劳动消耗量表示；箭线下方数字表示各项工作的持续时间（周）。试绘制香蕉曲线。

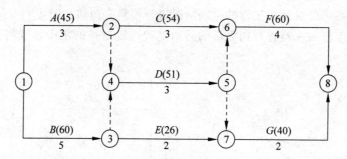

图 4-12 某工程项目网络计划

【解】 假设各项工作均为匀速进展，即各项工作每周的劳动消耗量相等。

（1）确定各项工作每周的劳动消耗量。

工作 A：$45 \div 3 = 15$　　工作 B：$60 \div 5 = 12$

工作 C：$54 \div 3 = 18$　　工作 D：$51 \div 3 = 17$

工作 E：$26 \div 2 = 13$　　工作 F：$60 \div 4 = 15$

工作 G：$40 \div 2 = 20$

（2）计算工程项目劳动消耗总量 Q：

$$Q = 45 + 60 + 54 + 51 + 26 + 60 + 40 = 336$$

（3）根据各项工作按最早开始时间安排的进度计划，确定工程项目每周计划劳动消耗量及各周累计劳动消耗量，如图 4-13 所示。

（4）根据各项工作按最迟开始时间安排的进度计划，确定工程项目每周计划劳动消耗量及各周累计劳动消耗量，如图 4-14 所示。

（5）根据不同的累计劳动消耗量分别绘制 ES 曲线和 LS 曲线，便得到香蕉曲线，如图 4-15 所示。

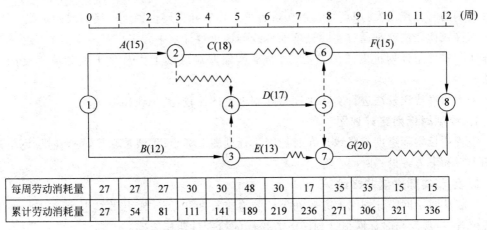

每周劳动消耗量	27	27	27	30	30	48	30	17	35	35	15	15
累计劳动消耗量	27	54	81	111	141	189	219	236	271	306	321	336

图 4-13　按工作最早开始时间安排的进度计划及劳动消耗量

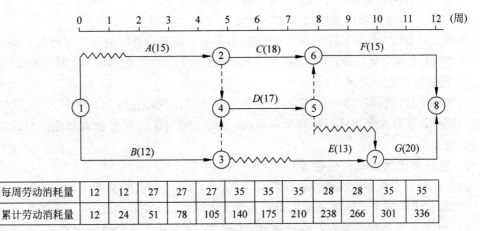

每周劳动消耗量	12	12	27	27	27	35	35	35	28	28	35	35
累计劳动消耗量	12	24	51	78	105	140	175	210	238	266	301	336

图 4-14　按工作最迟开始时间安排的进度计划及劳动消耗量

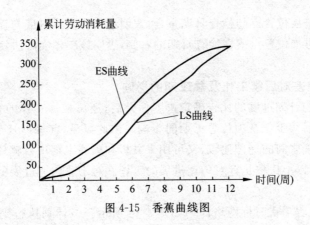

图 4-15　香蕉曲线图

4.6.4　前锋线比较法

前锋线比较法是通过绘制某检查时刻工程实际进度前锋线,进行工程实际进度与计划进度比较的方法,它主要适用于时标网络计划。所谓前锋线,是指在原时标网络计划上,从检查时刻的时标点出发,用点画线依次将各项工作实际进展位置点连接而成的折线。

前锋线比较法就是通过实际进度前锋线与原进度计划中各工作箭线交点的位置来判断工作实际进度与计划进度的偏差,进而判定该偏差对后续工作及总工期影响程度的一种方法。

采用前锋线比较法进行实际进度与计划进度的比较,其步骤如下。

1. 绘制时标网络计划图

工程项目实际进度前锋线是在时标网络计划图上标示,为清楚起见,可在时标网络计划图的上方和下方各设一时间坐标。

2. 绘制实际进度前锋线

一般从时标网络计划图上方时间坐标的检查日期开始绘制,依次连接相邻工作的实际进展位置点,最后与时标网络计划图下方坐标的检查日期相连接。

工作实际进展位置点的标定方法有两种。

1)按该工作已完成任务量比例进行标定

假设工程项目中各项工作均为匀速进展,根据实际进度检查时刻该工作已完成任务量占其计划完成总任务量的比例,在工作箭线上从左至右按相同的比例标定其实际进展位置点。

2)按尚需作业时间进行标定

当某些工作的持续时间难以按实物工程量来计算而只能凭经验估算时,可以先估算出检查时刻到该工作全部完成尚需作业的时间,然后在该工作箭线上从右向左逆向标定其实际进展位置点。

3. 进行实际进度与计划进度的比较

前锋线可以直观地反映出检查日期有关工作实际进度与计划进度之间的关系。对某项工作来说,其实际进度与计划进度之间的关系可能存在以下三种情况。

(1)工作实际进展位置点落在检查日期的左侧,表明该工作实际进度拖后,拖后的时间为二者之差。

(2)工作实际进展位置点与检查日期重合,表明该工作实际进度与计划进度一致。

(3)工作实际进展位置点落在检查日期的右侧,表明该工作实际进度超前,超前的时间为二者之差。

4. 预测进度偏差对后续工作及总工期的影响

通过实际进度与计划进度的比较确定进度偏差后,还可根据工作的自由时差和总时差预测该进度偏差对后续工作及项目总工期的影响。由此可见,前锋线比较法既适用于工作实际进度与计划进度之间的局部比较,又可用来分析和预测工程项目整体进度状况。

值得注意的是,以上比较是针对匀速进展的工作。对于非匀速进展的工作,比较方法较复杂,此处不赘述。

【例 4-3】 某工程项目时标网络计划如图 4-16 所示。该计划执行到第 6 周末,检查实际进度时,发现工作 A 和 B 已经全部完成,工作 D、E 分别完成计划任务量的 20% 和 50%,工作 C 尚需 3 周完成,试用前锋线法进行实际进度与计划进度的比较。

【解】 根据第 6 周末实际进度的检查结果绘制前锋线,如图 4-16 中点画线所示。通过比较可以看出:

(1)工作 D 实际进度拖后 2 周,将使其后续工作 F 的最早开始时间推迟 2 周,并使总

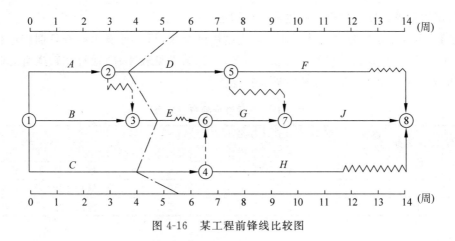

图 4-16　某工程前锋线比较图

工期延长 1 周；

（2）工作 E 实际进度拖后 1 周，既不影响总工期，也不影响其后续工作的正常进行；

（3）工作 C 实际进度拖后 2 周，将使其后续工作 G、H、J 的最早开始时间推迟 2 周。由于工作 G、J 开始时间的推迟，从而使总工期延长 2 周。

综上所述，如果不采取措施加快进度，该工程项目的总工期将延长 2 周。

4.6.5　列表比较法

当工程进度计划用非时标网络图表示时，可以采用列表比较法进行实际进度与计划进度的比较。这种方法是记录检查日期应该进行的工作名称及其已经作业的时间，然后列表计算有关时间参数，并根据工作总时差进行实际进度与计划进度比较的方法。

采用列表比较法进行实际进度与计划进度的比较，其步骤如下。

（1）对于实际进度检查日期应该进行的工作，根据已经作业的时间，确定其尚需作业时间。

（2）根据原进度计划计算检查日期应该进行的工作从检查日期到原计划最迟完成时尚余时间。

（3）计算工作尚有总时差，其值等于工作从检查日期到原计划最迟完成时间尚余时间与该工作尚需作业时间之差。

（4）比较实际进度与计划进度，可能有以下几种情况。

① 如果工作尚有总时差与原有总时差相等，说明该工作实际进度与计划进度一致。

② 如果工作尚有总时差大于原有总时差，说明该工作实际进度超前，超前的时间为二者之差。

③ 如果工作尚有总时差小于原有总时差，且仍为非负值，说明该工作实际进度拖后，拖后的时间为二者之差，但不影响总工期。

④ 如果工作尚有总时差小于原有总时差，且为负值，说明该工作实际进度拖后，拖后的时间为二者之差，此时工作实际进度偏差将影响总工期。

【例 4-4】　某工程项目进度计划如图 4-16 所示。该计划执行到第 10 周末，检查实际进度时，发现工作 A、B、C、D、E 已经全部完成，工作 F 已进行 1 周，工作 G 和工作 H 均已进行 2 周,试用列表比较法进行实际进度与计划进度的比较。

【解】 根据工程项目进度计划及实际进度检查结果,可以计算出检查日期应进行工作的尚需作业时间、原有总时差及尚有总时差等,计算结果见表 4-18,通过比较尚有总时差和原有总时差,即可判断目前工程实际进展状况。

表 4-18　工程进度检查比较表

工作代号	工作名称	检查计划时尚需作业周期	到计划最迟完成时尚余周数	原有总时差	尚有总时差	情况判断
5—8	F	4	4	1	0	拖后 1 周,但不影响工期
6—7	G	1	0	0	−1	拖后 1 周,影响工期 1 周
4—8	H	3	4	2	1	拖后 1 周,但不影响工期

4.7　进度计划实施中的调整方法

4.7.1　分析进度偏差对后续工作及总工期的影响

在工程项目实施过程中,当通过实际进度与计划进度的比较,发现有进度偏差时,需要分析该偏差对后续工作及总工期的影响,从而采取相应的调整措施对原进度计划进行调整,以确保工期目标的顺利实现。进度偏差的大小及其所处的位置不同,对后续工作和总工期的影响程度是不同的,分析时需要利用网络计划中工作总时差和自由时差的概念进行判断。其分析步骤如下。

1. 分析出现进度偏差的工作是否为关键工作

如果出现进度偏差的工作位于关键线路上,即该工作为关键工作,则无论其偏差有多大,都将对后续工作和总工期产生影响,必须采取相应的调整措施;如果出现偏差的工作是非关键工作,则需要根据进度偏差值与总时差和自由时差的关系作进一步分析。

2. 分析进度偏差是否超过总时差

如果工作的进度偏差大于该工作的总时差,则此进度偏差必将影响其后续工作和总工期,必须采取相应的调整措施;如果工作的进度偏差未超过该工作的总时差,则此进度偏差不影响总工期。至于对后续工作的影响程度,还需要根据偏差值与其自由时差的关系作进一步分析。

3. 分析进度偏差是否超过自由时差

如果工作的进度偏差大于该工作的自由时差,则此进度偏差将对其后续工作产生影响,此时应根据后续工作的限制条件确定调整方法;如果工作的进度偏差未超过该工作的自由时差,则此进度偏差不影响后续工作,因此,原进度计划可以不作调整。

进度偏差的分析判断过程如图 4-17 所示。通过分析,进度控制人员可以根据进度偏差的影响程度,制订相应的纠偏措施进行调整,以获得符合实际进度情况和计划目标的新进度计划。

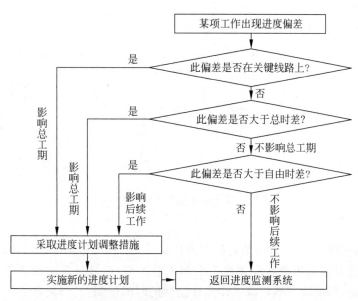

图 4-17　进度偏差对后续工作和总工期影响分析过程图

4.7.2　进度计划的调整方法

当实际进度偏差影响到后续工作、总工期而需要调整进度计划时,其调整方法主要有两种。

1. 改变某些工作间的逻辑关系

当工程项目实施中产生的进度偏差影响到总工期,且有关工作的逻辑关系允许改变时,可以改变关键线路和超过计划工期的非关键线路上的有关工作之间的逻辑关系,达到缩短工期的目的。例如,将顺序进行的工作改为平行作业、搭接作业以及分段组织流水作业等,都可以有效地缩短工期。

【例 4-5】　某工程项目基础工程包括挖基槽、作垫层、砌基础、回填土 4 个施工过程,各施工过程的持续时间分别为 21 天、15 天、18 天和 9 天,如果采取顺序作业方式进行施工,则其总工期为 63 天。为缩短该基础工程总工期,如果在工作面及资源供应允许的条件下,将基础工程划分为工程量大致相等的 3 个施工段组织流水作业,试绘制该基础工程流水作业网络计划,并确定其计算工期。

【解】　该基础工程流水作业网络计划如图 4-18 所示。通过组织流水作业,使得该基础工程的计算工期由 63 天缩短为 35 天。

2. 缩短某些工作的持续时间

这种方法不改变工程项目中各项工作之间的逻辑关系,而通过采取增加资源投入、提高劳动效率等措施来缩短某些工作的持续时间,使工程进度加快,以保证按计划工期完成该工程项目。这些被压缩持续时间的工作是位于关键线路和超过计划工期的非关键线路上的工作。同时,这些工作又是其持续时间可被压缩的工作。这种调整方法通常可以在网络图上直接进行。其调整方法视限制条件及对其后续工作影响程度的不同而有所区别,一般可分

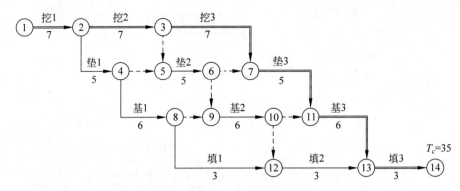

图 4-18　某基础工程流水施工网络计划

为以下三种情况。

1) 网络计划中某项工作进度拖延的时间已超过其自由时差但未超过其总时差

如前所述,此时该工作的实际进度不会影响总工期,而只对其后续工作产生影响。因此,在进行调整前,需要确定其后续工作允许拖延的时间限制,并以此作为进度调整的限制条件。该限制条件的确定常常较复杂,尤其是当后续工作由多个平行的承包单位负责实施时更是如此。后续工作如不能按原计划进行,在时间上产生的任何变化都可能使合同不能正常履行,从而导致蒙受损失的一方提出索赔。因此,寻求合理的调整方案,把进度拖延对后续工作的影响减少到最低程度,是监理工程师的一项重要工作。

【例 4-6】　某工程项目双代号时标网络计划如图 4-19 所示,该计划执行到第 35 天下班时刻检查时,其实际进度如图中前锋线所示。试分析目前实际进度对后续工作和总工期的影响,并提出相应的进度调整措施。

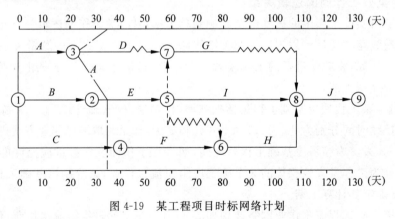

图 4-19　某工程项目时标网络计划

【解】　从图中可以看出,目前只有工作 D 的开始时间拖后 15 天,而影响其后续工作 G 的最早开始时间,其他工作的实际进度均正常。由于工作 D 的总时差为 30 天,故此时工作 D 的实际进度不影响总工期。

该进度计划是否需要调整,取决于工作 D 和 G 的限制条件。

（1）后续工作拖延的时间无限制

如果后续工作拖延的时间完全被允许时,可将拖延后的时间参数带入原计划,并简化网络图（即去掉已执行部分,以进度检查日期为起点,将实际数据带入,绘制出未实施部分的进度计划)，即可得调整方案。例如，以检查时刻第 35 天为起点，将工作 D 的实际进度数据及 G 被拖延后的时间参数带入原计划(此时工作 D、G 的开始时间分别为 35 天和 65 天)，可得如图 4-20 所示的调整方案。

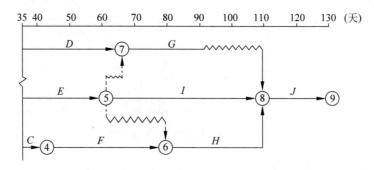

图 4-20　后续工作拖延时间无限制时的网络计划

(2) 后续工作拖延的时间有限制

如果后续工作不允许拖延或拖延的时间有限制时，需要根据限制条件对网络计划进行调整，寻求最优方案。例如，如果工作 G 的开始时间不允许超过第 60 天，则只能将其紧前工作 D 的持续时间压缩为 25 天，调整后的网络计划如图 4-21 所示。如果在工作 D、G 之间还有多项工作，则可以利用工期优化的原理确定应压缩的工作，得到满足 G 工作限制条件的最优调整方案。

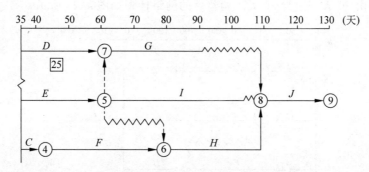

图 4-21　后续工作拖延时间有限制时的网络计划

2) 网络计划中某项工作进度拖延的时间超过其总时差

如果网络计划中某项工作进度拖延的时间超过其总时差，则无论该工作是否为关键工作，其实际进度都将对后续工作和总工期产生影响。此时，进度计划的调整方法又可分为以下三种情况。

(1) 如果项目总工期不允许拖延，工程项目必须按照原计划工期完成，则只能采取缩短关键线路上后续工作持续时间的方法来达到调整计划的目的。这种方法实质上就是单元 3 所述工期优化的方法。

【例 4-7】　以图 4-22 所示网络计划为例，如果在计划执行到第 40 天下班时刻检查时，其实际进度如图 4-22 中前锋线所示，试分析目前实际进度对后续工作和总工期的影响，并提出相应的进度调整措施。

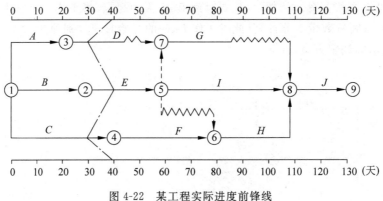

图 4-22 某工程实际进度前锋线

【**解**】 从图中可看出：

① 工作 D 实际进度拖后 10 天，但不影响其后续工作，也不影响总工期；

② 工作 E 实际进度正常，既不影响后续工作，也不影响总工期；

③ 工作 C 实际进度拖后 10 天，由于其为关键工作，故其实际进度将使总工期延长 10 天，并使其后续工作 F、H 和 J 的开始时间推迟 10 天。

如果该工程项目总工期不允许拖延，则为了保证其按原计划工期 130 天完成，必须采用工期优化的方法，缩短关键线路上后续工作的持续时间。现假设工作 C 的后续工作 F、H 和 J 均可以压缩 10 天，通过比较，压缩工作 H 的持续时间所需付出的代价最小，故将工作 H 的持续时间由 30 天缩短为 20 天。调整后的网络计划如图 4-23 所示。

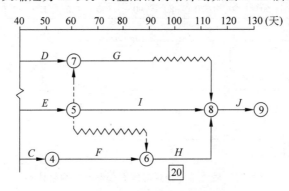

图 4-23 调整后工期不拖延的网络计划

（2）项目总工期允许拖延。

如果项目总工期允许拖延，则此时只需以实际数据取代原计划数据，并重新绘制实际进度检查日期之后的简化网络计划即可。

【**例 4-8**】 以图 4-22 所示前锋线为例，如果项目总工期允许拖延，此时只需以检查日期第 40 天为起点，用其后各项工作尚需作业时间取代相应的原计划数据，绘制出网络计划，如图 4-24 所示。方案调整后，项目总工期为 140 天。

（3）项目总工期允许拖延的时间有限。

如果项目总工期允许拖延，但允许拖延的时间有限，则当实际进度拖延的时间超过此限制时，也需要对网络计划进行调整，以便满足要求。

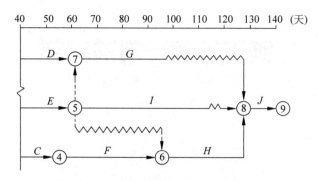

图 4-24　调整后拖延工期的网络计划

具体的调整方法是以总工期的限制时间作为规定工期,对检查日期之后尚未实施的网络计划进行工期优化,即通过缩短关键线路上后续工作持续时间的方法来使总工期满足规定工期的要求。

【例 4-9】　仍以图 4-22 所示前锋线为例,如果项目总工期只允许拖延至 135 天,则可按以下步骤进行调整。

①　绘制简化的网络计划,如图 4-24 所示。

②　确定需要压缩的时间。从图 4-24 中可以看出,在第 40 天检查实际进度时发现总工期将延长 10 天,该项目至少需要 140 天才能完成。而总工期只允许延长至 135 天,故需将总工期压缩 5 天。

③　对网络计划进行工期优化。从图 4-24 中可以看出,此时关键线路上的工作为 C、F、H 和 J。现假设通过比较,压缩关键工作 H 的持续时间所需付出的代价最小,故将其持续时间由原来的 30 天压缩为 25 天,调整后的网络计划如图 4-25 所示。

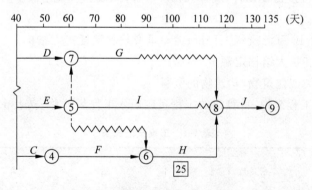

图 4-25　总工期拖延时间有限时的网络计划

以上三种情况均是以总工期为限制条件调整进度计划的。值得注意的是,当某项工作实际进度拖延的时间超过其总时差而需要对进度计划进行调整时,除需考虑总工期的限制条件外,还应考虑网络计划中后续工作的限制条件,特别是对总进度计划的控制更应注意这一点。因为在这类网络计划中,后续工作也许就是一些独立的合同段。时间上的任何变化,都会带来协调上的麻烦或者引起索赔。因此,当网络计划中某些后续工作对时间的拖延有限制时,同样需要以此为条件,按前述方法进行调整。

单元 5　施工进度计划的编制

5.1　施工总进度计划的编制

施工总进度计划一般是建设工程项目的施工进度计划。它是用来确定建设工程项目中所包含的各单位工程的施工顺序、施工时间及相互衔接关系的计划。编制施工总进度计划的依据有：施工总方案，资源供应条件，各类定额资料，合同文件，工程项目建设总进度计划，工程动用时间目标，建设地区自然条件及有关技术经济资料等。

施工总进度计划的编制步骤和方法如下。

1. 计算工程量

根据批准的工程项目一览表，按单位工程分别计算其主要实物工程量，不仅是为了编制施工总进度计划，而且是为了编制施工方案和选择施工、运输机械，初步规划主要施工过程的流水施工，以及计算人工、施工机械及建筑材料的需要量。因此，工程量只需粗略地计算即可。

工程量的计算可按初步设计（或扩大初步设计）图纸和有关定额手册或资料进行。常用的定额、资料如下。

（1）每万元、每 10 万元投资工程量、劳动量及材料消耗扩大指标。

（2）概算指标和扩大结构定额。

（3）已建成的类似建筑物、构筑物的资料。

对于工业建设工程来说，计算出的工程量应填入工程量汇总表（表 5-1）。

表 5-1　工程量汇总表

序号	工程量名称	单位	合计	生产车间			运输车间			管网				生活福利		大型临设		备注
				××车间	……	……	仓库	铁路	公路	供电	排水	供水	供热	宿舍	文化福利	生产	生活	

2. 确定各单位工程的施工期限

各单位工程的施工期限应根据合同工期确定，同时还要考虑建筑类型、结构特征、施工方法、施工管理水平、施工机械化程度及施工现场条件等因素。如果在编制施工总进度计划时没有合同工期，则应保证计划工期不超过工期定额。

3. 确定各单位工程的开工、竣工时间和相互搭接关系

确定各单位工程的开工、竣工时间和相互搭接关系主要应考虑以下几点。

(1) 同一时期施工的项目不宜过多,以避免人力、物力过于分散。

(2) 尽量做到均衡施工,以使劳动力、施工机械和主要材料的供应在整个工期范围内达到均衡。

(3) 尽量提前建设可供工程施工使用的永久性工程,以节省临时工程费用。

(4) 急需和关键的工程先施工,以保证工程项目如期交工。对于某些技术复杂、施工周期较长、施工困难较大的工程,亦应安排提前施工,以利于整个工程项目按期交付使用。

(5) 施工顺序必须与主要生产系统投入生产的先后次序相吻合。同时还要安排好配套工程的施工时间,以保证建成的工程能迅速投入生产或交付使用。

(6) 应注意季节对施工顺序的影响,使施工季节不导致工期拖延,不影响工程质量。

(7) 安排一部分附属工程或零星项目作为后备项目,用以调整主要项目的施工进度。

(8) 注意主要工种和主要施工机械能连续施工。

4. 编制初步施工总进度计划

施工总进度计划应安排全工地性的流水作业。全工地性的流水作业安排应以工程量大、工期长的单位工程为主导,组织若干条流水线,并以此带动其他工程。施工总进度计划既可以用横道图表示,也可以用网络图表示。如果用横道图表示,则常用的格式见表 5-2。由于采用网络计划技术控制工程进度更加有效,所以人们开始更多地采用网络图来表示施工总进度计划。计算机的广泛应用为网络计划技术的推广和普及创造了更加有利的条件。

表 5-2 施工总进度计划表

序号	单位工程名称	建筑面积(m²)	结构类型	工程造价(万元)	施工时间(月)	施工进度计划											
						第一年				第二年				第三年		
						I	II	III	IV	I	II	III	IV	I	II	III

5. 编制正式施工总进度计划

初步施工总进度计划编制完成后,要对其进行检查。主要检查总工期是否符合要求,资源使用是否均衡且其供应是否能得到保证。如果出现问题,则应进行调整。调整的主要方法是改变某些工程的起止时间或调整主导工程的工期。如果是网络计划,则可以利用计算机分别进行工期优化、费用优化及资源优化。初步施工总进度计划经过调整符合要求后,即可编制正式的施工总进度计划。

正式的施工总进度计划确定后,应据此编制劳动力、材料、大型施工机械等资源的需用量计划,以便组织供应,保证施工总进度计划的实现。

5.2 单位工程施工进度计划的编制

单位工程施工进度计划是在既定施工方案的基础上,根据规定的工期和各种资源供应条件,对单位工程中的各分部分项工程的施工顺序、施工起止时间及衔接关系进行合理安排的计划。施工进度计划编制程序见图 5-1。其编制的主要依据有：施工总进度计划，单位工程施工方案，合同工期或定额工期，施工定额，施工图和施工预算，施工现场条件，资源供应条件和气象资料等。

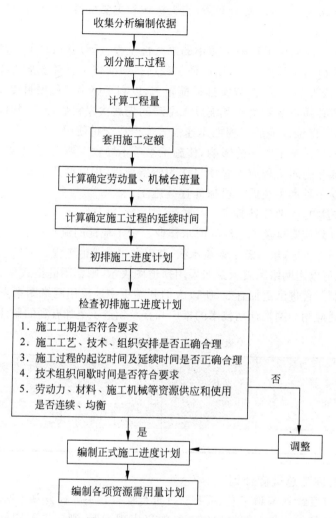

图 5-1　施工进度计划编制程序

编制施工项目施工进度计划是在满足施工合同规定工期要求的情况下，对选定的施工方案、资源的供应情况、协作单位配合施工情况等所做的综合研究和周密部署。其具体编制方法和步骤如下。

1. 划分施工过程

编制施工进度计划时，首先按照施工图纸划分施工过程，并结合施工方法、施工条件、劳动组织等因素，加以适当整理，再进行有关内容的计算和设计。施工过程划分应考虑下述要求。

（1）施工过程划分的粗细程度的要求。

（2）对施工过程进行适当合作，达到简明清晰的要求。

（3）施工过程划分的工艺性要求。

（4）明确施工过程对施工进度的影响程度。

2. 计算工程量

确定了施工过程之后，应计算每个施工过程的工程量。工程量应根据施工图纸、工程量计算规则及相应的施工方法进行计算。计算工程量时应注意以下几个问题。

1）注意工程量的计量单位

每个施工过程的工程量的计量单位与采用的施工定额的计量单位相一致。如模板工程以 m^2 为计量单位；钢筋工程以 t 为计量单位；混凝土以 m^3 为计量单位等。这样，在计算劳动量、材料消耗及机械台班量时就可直接套用施工定额，不需要再进行换算。

2）注意采用的施工方法

计算工程量时，应与采用的施工方法相一致，以便计算的工程量与施工的实际情况相符合。例如：挖土时是否放坡，是否增加工作面，坡度和工作面尺寸是多少。

3）结合施工组织要求

工程量计算中应结合施工组织要求，分区、分段、分层，以便组织流水作业。

4）正确取用预算文件中的工程量

如果编制施工进度计划时，已编制出预算文件（施工图预算或施工预算），则工程量可从预算文件中摘出并汇总。例如：要确定施工进度计划中列出的"砌筑墙体"这一施工过程的工程量，可先分析它包括哪些施工内容，然后从预算文件中摘出这些施工内容的工程量，再将它们全部汇总即可求得。但是，施工进度计划中某些施工过程与预算文件的内容不同或有出入时，则应根据施工实际情况加以修改、调整或重新计算。

3. 套用施工定额

划分了施工过程及计算工程量之后，即可套用施工定额，以确定劳动量和机械台班量。

在套用国家或当地颁布的定额时，必须注意结合本单位工人的技术等级、实际操作水平、施工机械情况和施工现场条件等因素，确定定额的实际水平，使计算出来的劳动量、机械台班量符合实际需要。

有些采用新技术、新材料、新工艺或特殊施工方法的施工过程，定额中尚未编入，这时可参考类似施工过程的定额、经验资料，按实际情况确定。

4. 计算确定劳动量及机械台班量

根据工程量及确定采用的施工定额，并结合施工的实际情况，即可确定劳动量及机械台班量。一般按下式计算：

$$P = Q/S = QH \tag{5-1}$$

式中：P——某施工过程所需的劳动量（工日）或机械台班量（台班）；

$\quad Q$——某施工过程的工程量（实物计量单位），单位有 m^3、m^2、m、t 等；

$\quad S$——某施工过程所采用的产量定额，单位有 $m^3/工日$、$m^2/工日$、$m/工日$、$t/工日$，$m^3/台班$、$m^2/台班$、$m/台班$、$t/台班$ 等；

$\quad H$——某施工过程所采用的时间定额，单位有 工日$/m^3$、工日$/m^2$、工日$/m$、工日$/t$，台班$/m^3$、台班$/m^2$、台班$/m$、台班$/t$ 等；

【例 5-1】 某基础工程土方开挖，施工方案确定为人工开挖，工程量为 $600m^3$，采用的劳

动定额为 $4m^3/$ 工日。计算完成该基础工程开挖所需的劳动量。

【解】

$$P = Q/S = 600 \div 4 = 150（工日）$$

【例 5-2】 某基坑土方开挖,施工方案确定采用 W-100 型反铲挖土机开挖,工程量为 $2200m^3$,经计算采用的机械台班产量是 $120m^3/$ 台班。计算完成此基坑开挖所需的机械台班量。

【解】

$$P = Q/S = 2200 \div 120 \approx 18.33（台班）$$

取 18.5 台班。

当某一施工过程由两个或两个以上不同分项工程合并组成时,其总劳动量或总机械台班量按下式计算:

$$P_总 = \sum_{i=1}^{n} P_i = P_1 + P_2 + P_3 + \cdots + P_n \tag{5-2}$$

【例 5-3】 某钢筋混凝土杯形基础施工,其支设模板、绑扎钢筋、浇筑混凝土三个施工过程的工程量分别为 $600m^2$、$5t$、$250m^3$,查劳动定额得其时间定额分别是 0.253 工日$/m^2$、5.28 工日$/t$、0.833 工日$/m^3$,试计算完成钢筋混凝土基础所需劳动量。

【解】

$$P_模 = 600 \times 0.253 = 151.8（工日）$$

$$P_筋 = 5 \times 5.28 = 26.4（工日）$$

$$P_{混凝土} = 250 \times 0.833 \approx 208.3（工日）$$

$$P_{杯基} = P_模 + P_筋 + P_{混凝土} = 151.8 + 26.4 + 208.3 = 386.5（工日）$$

当某一施工过程是由同一工种,但不同做法、不同材料的若干分项工程合并组成时,应先按式(5-3)计算其综合定额,再求其劳动量。

$$\left. \begin{array}{l} \overline{S} = \dfrac{\sum\limits_{i=1}^{n} Q_i}{\sum\limits_{i=1}^{n} P_i} \\[4mm] \overline{H} = \dfrac{1}{\overline{S}} \end{array} \right\} \tag{5-3}$$

式中:$\overline{S}$——某施工过程的综合产量定额,单位有 $m^3/$ 工日、$m^2/$ 工日、$m/$ 工日、$t/$ 工日,$m^3/$ 台班、$m^2/$ 台班、$m/$ 台班、$t/$ 台班等;

$\overline{H}$——某施工过程的综合时间定额,单位有工日$/m^3$、工日$/m^2$、工日$/m$、工日$/t$,台班$/m^3$、台班$/m^2$、台班$/m$、台班$/t$ 等;

$\sum\limits_{i=1}^{n} Q_i$——总工程量,$m^3$、$m^2$、$m$、$t$ 等;

$\sum\limits_{i=1}^{n} P_i$——总劳动量(工日)或总机械台班量(台班)。

【例 5-4】 某工程外墙装饰有外墙涂料、真石漆、贴面砖三种做法,其工程量分别为 $850.5m^2$、$500.3m^2$、$320.3m^2$;采用的产量定额分别是 $7.56m^2/$ 工日、$4.35m^2/$ 工日、$4.05m^2/$ 工日。计算它们的综合产量定额及外墙面装饰所需的劳动量。

【解】

（1）综合产量定额

$$\bar{S} = \frac{\sum_{i=1}^{n} Q_i}{\sum_{i=1}^{n} P_i} = \frac{850.5 + 500.3 + 320.3}{\dfrac{850.5}{7.56} + \dfrac{500.3}{4.35} + \dfrac{320.3}{4.06}} \approx 5.45(\text{m}^2 / \text{工日})$$

（2）外墙面装饰所需的劳动量

$$P_{\text{外墙装饰}} = \frac{\sum_{i=1}^{n} Q_i}{\bar{S}} = \frac{1671.1}{5.45} \approx 306.6(\text{工日})$$

取 $P_{\text{外墙装饰}} = 307$ 工日。

5. 计算确定施工过程的延续时间

施工过程持续时间的确定方法有三种：经验估算法、定额计算法和倒排计划法。

1）经验估算法

经验估算法也称三时估算法，即先估计出完成该施工过程的最乐观时间、最悲观时间和最可能时间三种施工时间，再根据式(5-4)计算出该施工过程的持续时间。这种方法适用于新结构、新技术、新工艺、新材料等无定额可循的施工过程。

$$D = \frac{A + 4B + C}{6} \tag{5-4}$$

式中：D——某施工过程持续时间；

$\quad\quad A$——最乐观的时间估算（最短的时间）；

$\quad\quad B$——最可能的时间估算（最正常的时间）；

$\quad\quad C$——最悲观的时间估算（最长的时间）。

2）定额计算法

定额计算法是根据施工过程需要的劳动量或机械台班量，配备的劳动人数或机械台班数以及每天工作班次，确定施工过程持续时间。其计算见公式(5-5)：

$$D = \frac{P}{RN} \tag{5-5}$$

式中：D——某施工过程持续时间（天）；

$\quad\quad P$——该施工过程中所需的劳动量（工日）或机械台班量（台班）；

$\quad\quad R$——该施工过程每班所配备的施工班组人数（人）或机械台数（台）；

$\quad\quad N$——每天采用工作班制（班/天）。

从式(5-5)可知，要计算确定某施工过程持续时间，除已确定的 P 外，还必须先确定 R 及 N 的数值。

要确定施工班组人数或施工机械台班数 R，除了考虑必须能获得或能配备的施工班组人数（特别是技术工人人数）或施工机械台数之外，在实际工作中，还必须结合施工现场的具体条件、机械必要的停歇维修与保养时间等因素考虑，才能计算确定出符合实际可能和要求的施工班组人数及机械台数。

每天工作班制 N 的确定，当工期允许、劳动力和施工机械周转使用不紧迫、施工工艺上无法连续施工时，通常每天采用一班制施工，在建筑业中往往采用 1.25 班制，即 10h。当工期较紧或为了提高施工机械的使用率及加快机械周转使用，或工艺上要求连续施工时，某些施工过程可考虑每天二班甚至三班制施工。但采用多班制施工,必然增加有关设施及费用,因此,须慎重研究确定。

【例 5-5】 某基础工程混凝土浇筑所需劳动量为 536 工日,每天采用三班制,每班安排 20 人施工。试求完成此基础工程混凝土浇筑所需的持续时间。

【解】

$$D = \frac{P}{RN} = \frac{536}{20 \times 3} \approx 8.93(天)$$

取 $D = 9$ 天。

3) 倒排计划法

倒排计划法是根据施工的工期要求,先确定施工过程的延续时间及每天工作班制,再确定施工班组人数或机械台数 R。计算公式如下:

$$R = \frac{P}{DN} \tag{5-6}$$

式中符号同式(5-5)。

如果按上式计算出来的结果,超过了本部门每天能安排现有的人数或机械台数,则要求有关部门进行平衡、调度及支持;或从技术上、组织上采取措施,如组织平行立体交叉流水施工,提高混凝土早期强度及采用多班组、多班制的施工等。

【例 5-6】 某工程砌墙所需劳动量为 810 工日,要求在 20 天内完成,每天采用一班制施工。试求每班安排的工人数。

【解】

$$R = \frac{P}{DN} = \frac{810}{20 \times 1} = 40.5(人)$$

取 $R = 41$ 人。

例 5-6 所需施工班组人数为 41 人,若配备技工 20 人,普工 21 人,其比例为 1:1.05,是否有这些劳动人数,是否有 20 个技工,是否有足够的工作面,这些都需经过分析研究才能确定。现按 41 人计算,实际采用的劳动量为 41×20×1=820(工日),比计划劳动 810 个工日多 10 个工日。

6. 编制施工进度计划

当划分施工过程及各项计算内容确定之后,便可进行施工进度计划的设计。横道图施工进度计划设计的一般步骤如下。

1) 填写施工过程名称与计算数据

施工过程划分和确定之后,应按照施工顺序要求列成表格,编排序号,依次填写到施工进度计划表的左边各栏内。

高层现浇钢筋混凝土结构房屋各施工过程依次填写的顺序一般是:施工准备工作→基础及地下室结构工程→主体结构工程→围护工程→装饰工程→其他工程→设备安装工程。

上述施工顺序,如有打桩工程,可填在基础工程之前;施工准备工作如不纳入施工工期计算范围内,也可以不填写,但必须做好必要的施工准备工作;还有一些施工机械安装、脚手架搭设是否要填写,应根据具体情况分析确定,一般来说,安装塔吊及人货电梯要占据一定的施工时间,所以应填写;井字架的搭设可在砌筑墙体工程时平行操作,一般不占用施工时间,可以不填写;脚手架搭设配合砌筑墙体工程进行,一般可以填写,但它不占施工时间。

以上内容还应按施工工艺顺序的内容进行细分,填写完成后,应检查是否有遗漏、重复、错误等,待检查修正没有错误,就进行初排施工进度计划。

2)初排施工进度计划

根据选定的施工方案,按各分部分项工程的施工顺序,从第一个分部工程开始,一个接一个分部工程初排,直至排完最后一个分部工程。在初排每个分部工程的施工进度时,首先要考虑施工方案中已经确定的流水施工组织,并考虑初排该分部工程中一个或几个主要的施工过程。初排完每一个分部工程的施工进度后,应检查是否有错误,没有错误以后,再排下一个分部工程的施工进度,这时应注意该分部工程与前面分部工程在施工工艺、技术、组织安排上的衔接、穿插、平行搭接的关系。

3)检查与调整施工进度计划

当整个施工项目的施工进度初排后,必须对初排的施工进度方案作全面检查,如有不符合要求或错误之处,应进行修改并调整,直至符合要求为止,使之成为指导施工项目施工的正式的施工进度计划。具体内容如下。

(1)检查整个施工项目施工进度计划初排方案的总工期是否符合施工合同规定工期的要求。当总工期不符合施工合同规定工期的要求,且相差较大时,有必要对已选定的施工方案重新进行研究、修改与调整。

(2)检查整个施工项目每个施工过程在施工工艺、技术、组织安排上是否正确合理。如有不合理或错误之处,应进行修改与调整。

(3)检查整个施工项目每个施工过程的起讫时间和延续时间是否正确合理。当初排施工进度计划的总工期不符合施工合同规定工期要求时,要进行修改与调整。

(4)检查整个施工项目某些施工过程应有技术组织间歇时间是否符合要求。如不符合要求应进行修改与调整,例如混凝土浇筑以后的养护时间,钢筋绑扎完成以后的隐蔽工程检查验收时间等。

(5)检查整个施工项目施工进度安排,劳动力、材料、机械设备等资源供应与使用是否连续、均衡,如出现劳动力、材料、机械设备等资源供应与使用过分集中,应进行修改与调整。

建筑施工是一个复杂的过程,每个施工过程的安排并不是孤立的,它们必须相互制约、相互依赖、相互联系。在编制施工进度计划时,必须从施工全局出发,进行周密的考虑、充分的预测、全面的安排、精心的设计,对施工项目的施工起到指导作用。

【例 5-7】 某浅基础工程施工有关资料如表 5-3 所示,均匀划分三个施工段组织流水施工方案,混凝土垫层浇完后须养护两天才能在其上进行基础弹线工作。请编制该基础工程的施工进度计划。

表 5-3 某浅基础工程施工有关资料

分部分项工程名称	工程量(m³)	产量定额(m³/工日)	每天工作班制(班/天)	每班安排工人数(人)
基槽挖土	3441	4.69	1	40
浇混凝土垫层	228	0.96	1	26
砌砖基础	919	0.91	1	37
回填土	2294	5.98	1	42

【解】 根据表 5-3 提供的有关资料及式(5-1)、式(5-5),进行劳动量、施工过程延续时间、流水节拍计算,结果汇总见表 5-4。

表 5-4 某浅基础工程施工劳动量、施工过程延续时间、流水节拍汇总表

分部分项工程名称	需用劳动量(工日)	施工过程延续时间(天)	流水节拍(天)
基槽挖土	734	18	6
浇混凝土垫层	238	9	3
砌砖基础	1100	27	9
回填土	384	9	3

(1)横道图施工进度计划见表 5-5。

(2)按施工过程排列的双代号网络图施工进度计划,见图 5-2。

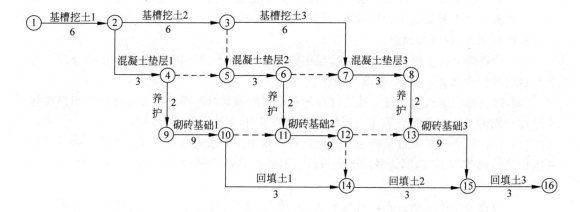

图 5-2 基础工程网络图施工进度计划(按施工过程排列)

(3)按施工段排列的双代号网络图施工进度计划见图 5-3 所示。

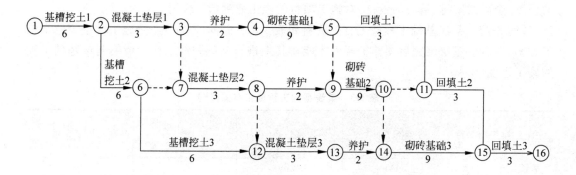

图 5-3 基础工程网络图施工进度计划(按施工段排列)

表 5-5　横道图施工进度计划

序号	分部分项工程名称	工人人数	施工进度计划
1	基槽挖土	40	
2	浇混凝土垫层	26	
3	砌砖基础	37	
4	回填土	42	

（施工进度计划横轴：1～48 天）

劳动力动态曲线

（人数：40、66、103、63、37、79、42；时间（天））

7. 各项资源需用量计划的编制

在施工项目的施工方案已选定、施工进度计划编制完成后,就可编制劳动力、主要材料、构件与半成品、施工机具等各项资源用量计划。各项资源需用量计划不仅是为了明确各项资源的需用量,也为施工过程中各项资源的供应、平衡、调整、落实提供了可靠的依据,是施工项目经理部编制施工作业计划的主要依据。

1) 劳动力需用量计划

劳动力需用量计划是根据施工项目的施工进度计划、施工预算、劳动定额编制的,主要用于平衡调配劳动力及安排生活福利设施。其编制方法是:将施工进度计划上所列各施工过程每天所需工人人数按工种进行汇总,即得出每天所需工种及其人数。劳动力需用量计划的表格形式见表5-6。

表 5-6 劳动力需用量计划

序号	工种名称	需用总工日数	需用人数	需用时间												备注
				×月			×月			×月			×月			
				上	中	下	上	中	下	上	中	下	上	中	下	

2) 主要材料需用量计划

主要材料需用量计划是根据施工项目的施工进度计划、施工预算、材料消耗定额编制的,主要用于备料、供料和确定仓库、堆场位置和面积及组织材料的运输。其编制方法是:将施工进度计划上各施工过程的工程量,按材料品种、规格、数量、需用时间进行计算并汇总。主要材料需用量计划的表格形式见表5-7。

表 5-7 主要材料需用量计划

序号	材料名称	规格	需用量		需 用 量											备注
			单位	数量	×月			×月			×月			×月			
					上	中	下	上	中	下	上	中	下	上	中	下	

3) 构件和半成品需用量计划

构件和半成品需用量计划是根据施工项目的施工图、施工方案、施工进度计划编制的,主要用于落实加工订货单位、组织加工运输和确定堆场位置及面积。其编制方法是:将施工进度计划上有关施工过程的工程量,按构件和半成品所需规格、数量、需用时间进行计算并汇总。构件和半成品需用量计划的表格形式见表5-8。

表 5-8 构件和半成品需用量计划

序号	构件和半成品名称	规格	图号	需用量		加工单位	供应日期	备注
				单位	数量			

4)施工机具需用量计划

施工机具需用量计划是根据施工项目的施工方案、施工进度计划编制的,主要用于载明施工机具的来源及组织进、退场日期。其编制方法是:将施工进度计划上有关施工过程所需的施工机具按其类型、数量、进退场时间进行汇总。施工机具需用量计划的表格形式见表 5-9。

表 5-9 施工机具需用量计划

序号	施工机具名称	类型型号	需用量		来源	使用起讫时间	备注
			单位	数量			

单元 6 施工现场平面布置图设计

根据项目总体施工部署,绘制现场不同施工阶段(期)总平面布置图,通常有基础工程施工总平面、主体结构工程施工总平面、装饰工程施工总平面等。

6.1　施工现场总平面布置图设计内容

施工现场总平面布置图设计内容如下。

(1) 项目施工用地范围内的地形状况。

(2) 全部拟建建(构)筑物和其他基础设施的位置。

(3) 项目施工用地范围内的加工、运输、存储、供电、供水供热、排水排污设施以及临时施工道路和办公、生活用房。

(4) 施工现场必备的安全、消防、保卫和环保设施。

(5) 相邻的地上、地下既有建(构)筑物及相关环境。

6.2　施工现场总平面布置图设计原则

施工现场总平面布置图在保证施工顺利进行及施工安全的前提下,应满足以下设计原则。

1. 布置紧凑,尽量少占施工用地

这样便于管理,并减少施工用的管线,降低成本。在进行大规模工程施工时,要根据各阶段施工平面图的要求,分期分批地征购土地,以便做到少占土地和不早用土地。

2. 最大限度地降低工地的运输费

为降低运输费用,应最大限度缩短场内运距,尽可能减少二次搬运。各种材料尽可能按计划分期分批进场,充分利用场地。各种材料堆放位置,应根据使用时间的要求,尽量靠近使用地点。合理地布置各种仓库、起重设备、加工厂和机械化装置,正确地选择运输方式和铺设工地运输道路,以保证各种建筑材料、动能和其他资料的运输距离以及其转运数量最小,加工厂的位置应设在便于原料运进和成品运出的地方,同时保证在生产上有合理的流水线。

3. 临时工程的费用应尽量减少

为了降低临时工程的费用,首先应该力求减少临时建筑和设施的工程量,主要方法是尽最大可能利用现有的建筑物以及可供施工使用的设施,争取提前修建拟建永久性建筑物、道路、上下水管网、电力设备等。对于临时工程的结构,应尽量采用简单的装拆式结构,或采用标准设计。布置时不要影响正式工程的施工,避免二次或多次拆建。尽可能使用当地的廉价材料。

临时通路应该考虑沿自然标高修筑,以减少土方工程量,当修建运输量不大的临时铁路时,尽量采用旧枕木旧钢轨,减少道渣厚度和曲率半径。当修筑临时汽车路时,可以采用装配式钢筋混凝土道路铺板,根据运输的强度采用不同的构造与宽度。

加工厂的位置,在考虑生产需要的同时,应选择开拓费用最少之处,如地势平坦和地下水位较低的地方。

供应装置及仓库等,应尽可能布置在使用者中心或靠近中心。这主要是为了使管线长度最短、断面最小以及运输道路最短、供应方便,同时还可以减少水的损失、电压损失以及降低养护与修理费用等。

4. 方便生产和生活

各项临时设施的布置,应该为工人服务,应便于施工管理及工人的生产和生活,使工人至施工区的距离最近,工人在工地上因往返而损失的时间最少。办公房应靠近施工现场,福利设施应在生活区范围之内。

5. 应符合劳动保护、技术安全、防火和防洪的要求

必须使各房屋之间保持一定的距离,例如木材加工厂、锻造工场距离施工对象均不得小于30m;易燃房屋及沥青灶、化灰池应布置在下风向;储存燃料及易燃物品的仓库,如汽油、火油和石油等,距拟建工程及其他临时性建筑物不得小于50m,必要时应做成地下仓库;炸药、雷管要严格控制并由专人保管;机械设备的钢丝绳、缆风绳以及电缆、电线与管道等不要妨碍交通,保证道路畅通;在铁路与公路及其他道路交叉处应设立明显的标志,在工地内应设立消防站、瞭望台、警卫室等;在布置道路的同时,还要考虑到消防道路的宽度,应使消防车可以通畅地到达所有临时与永久性建筑物处;根据具体情况,考虑各种劳保、安全、消防设施;雨期施工时,应考虑防洪、排涝等措施。

施工平面图的设计,应根据上述原则并结合具体情况编制出若干个可能的方案,并进行技术经济比较,从中选择出经济、安全、合理、可行的方案。方案比较的技术经济指标一般有:满足施工要求的程度,施工占地面积,施工场地利用率,临时设施的数量、面积、费用,场内各种主要材料、半成品、构件的运距和运量大小,场内运输道路的总长度、宽度,各种水、电管线的铺设长度,是否符合国家规定的技术安全、劳动保护及防火要求等。

6.3 施工现场总平面布置图设计依据

施工平面图的设计,应力求真实详细地反映施工现场情况,以期能达到便于对施工现场控制和经济上合理的目的。为此,在设计施工平面图之前,必须熟悉施工现场及周围环境,调查研究有关技术经济资料,分析研究拟建工程的工程概况、施工方案、施工进度及有关要求。施工平面图设计所依据的主要资料有以下几种。

1. 自然条件调查资料

自然条件调查资料,如气象、地形、地貌、水文及工程地质资料,周围环境和障碍物等,主要用于布置地表水和地下水的排水沟,确定易燃、易爆、沥青灶、化灰池等有碍人体健康的设施的布置,安排冬雨期施工期间所需设施的地点。

2. 技术经济条件调查资料

技术经济条件调查资料,如交通运输、水源、电源、物资资源、生产基地状况等资料,主要用于布置水、暖、煤、卫、电等管线的位置及走向,施工场地出入口、道路的位置及走向。

3. 社会条件调查资料

社会条件调查资料,如社会劳动力和生活设施,建设单位可提供的房屋和其他生活设施等,主要用于确定可利用的房屋和设施情况,确定临时设施的数量。

4. 建筑总平面图

图上表明一切地上、地下的已建和拟建工程的位置和尺寸,标明地形的变化。这是正确确定临时设施位置,修建运输道路及排水设施所必需的资料,以便考虑是否可以利用原有的房屋为施工服务。

5. 一切原有和拟建的地上、地下管道位置资料

在设计施工平面图时,可考虑是否利用这些管道,管道有碍施工可考虑拆除或迁移,并避免把临时设施布置在拟建管道上面。

6. 建筑区域场地的竖向设计资料和土方平衡图

建筑区域场地的竖向设计资料和土方平衡图是布置水、电管线和安排土方的挖填及确定取土、弃土地点的重要依据。

7. 施工方案

根据施工方案可确定起重垂直运输机械、搅拌机械等各种施工机具的位置、数量和规划场地。

8. 施工进度计划

根据施工进度计划,可了解各个施工阶段的情况,以便分阶段布置施工现场。

9. 资源需要量计划

根据劳动力、材料、构件、半成品等需要量计划,可以确定工人临时宿舍、仓库和堆场的面积、形式和位置。

10. 有关建设法律法规对施工现场管理提出的要求

主要文件有《建设工程施工现场管理规定》《中华人民共和国文物保护法》《中华人民共和国环境保护法》《中华人民共和国环境噪声污染防治法》《中华人民共和国消防法》《中华人民共和国消防条例》《建设工程施工现场综合考评试行办法》《建筑工程安全检查标准》等。根据这些法律法规,可以使施工平面图的布置安全有序,整洁卫生,不扰民,不损害公共利益,做到文明施工。

6.4 施工现场总平面布置图设计步骤

1. 起重垂直运输机械的布置

起重垂直运输机械在建筑施工中主要负责垂直运送材料、设备和人员。其布置的位置直接影响仓库、砂浆和混凝土搅拌站、各种材料和构件的位置及道路和水、电线路的布置等,因此它的布置是施工现场全局的中心环节,必须首先予以考虑。

由于各种垂直运输机械的性能不同,其布置位置也不相同。

1) 塔式起重机的布置

塔式起重机是集起重、垂直提升、水平输送三种功能为一身的机械设备。垂直和水平运输长、大、重的物料,塔式起重机为首选机械。塔式起重机按其固定方式可分为固定式、轨道式、附墙式和内爬式四类。其中,轨道式起重机(塔吊)一般沿建筑物长向布置,以充分发挥其效率。其位置尺寸取决于建筑物的平面形状、尺寸、构件重量、塔吊的性能及四周施工场地的条件等,其布置要求如下。

(1) 塔吊的平面布置。通常轨道布置方式有以下几种方案,如图 6-1 所示。

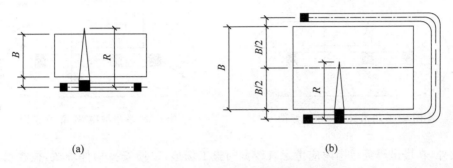

(a)　　　　　　　　　　　　　　　　　　(b)

图 6-1　塔吊平面布置方案

① 单侧布置。当建筑物宽度较小、构件重量不大时可采用单侧布置。一般应在场地较宽的一面沿建筑物长向布置,其优点是轨道长度较短,并有较宽敞的场地堆放材料和构件。采用单侧布置时,其起重半径应满足下式要求:

$$R \geqslant B+A$$

式中:R——塔吊的最大回转半径,m;

B——建筑物平面的最大宽度,m;

A——轨道中心线与建筑物外墙外边线的距离,m。一般无阳台时,$A=$安全网宽度+安全网外侧至轨道中心线的距离;当有阳台时,$A=$阳台宽度+安全网宽度+安全网外侧至轨道中心线的距离。

② 双侧布置(或环形布置)。当建筑物宽度较大、构件较重时可采用双侧布置或环形布置。采用双侧布置时,其起重半径应满足下式要求:

$$R \geqslant B/2+A$$

(2) 复核塔吊的工作参数。塔吊的平面布置确定后,应当复核其主要工作参数是否满足建筑物吊装技术要求。主要参数包括回转半径、起重高度、起重量。

回转半径为塔吊回转中心至吊钩中心的水平距离,最大回转半径应满足上述各式的要求。

起重高度不应小于建筑物总高度加上构件(如吊斗、料笼)、吊索(吊物顶面至吊钩)和安全操作高度(一般为2~3m)。当塔吊需要超越建筑物顶面的脚手架、井架或其他障碍物时,其超越高度一般不应小于1m。

起重量包括吊物、吊具和索具等作用于塔吊起重吊钩上的全部重量。

若复核不能满足要求,则调整上述各公式中的 A 的距离,如果 A 已经是最小极限安全距离,则应采取其他技术措施。

(3) 绘出塔吊服务范围。以塔吊轨道两端有效行驶端点为圆心,以最大回转半径为半径画出两个半圆形,再连接两个半圆,即为塔吊服务范围,如图 6-2 所示。

塔吊布置的最佳状况应使建筑物平面均在塔吊服务范围以内,以保证各种材料和构件直接调运到建筑物的设计部位上,尽量避免"死角",也就是避免建筑物处在塔吊服务范围以外的部分。塔吊吊物"死角"如图 6-3 所示。如果难以避免,也应使"死角"越小越好,或使最重、最大、最高的构件不出现在"死角"内。在确定吊装方案时,应有具体的技术和安全措施,以保证死角的构件顺利安装。

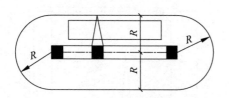

图 6-2 塔吊服务范围示意图

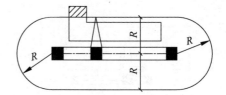

图 6-3 塔吊吊物"死角"示意图

此外,在塔吊服务范围内应考虑有较宽的施工场地,以便安排构件堆放,搅拌设备出料斗能直接挂钩后起吊,主要施工道路也宜安排在塔吊服务范围内。

2) 井架的布置

井架属固定式垂直运输机械,它的稳定性好、运输量大,是施工中常用的,也是最为简便的垂直运输机械,采用附着式可搭设超过 100m 的高度。

井架的布置,主要根据机械性能、建筑物的平面形状和尺寸、施工段划分情况、建筑物高低层分界位置、材料来向和已有运输道路情况而定。布置的原则是:充分发挥垂直运输的能力,并使地面和路面的水平运距最短。布置时应考虑以下几个因素。

(1) 当建筑物呈长条形,层数、高度相同时,一般布置在施工段的分界处。

(2) 当建筑物各部位高度不同时,应布置在建筑物高低分界线较高部位一侧。

(3) 井架的布置位置以窗口为宜,以避免砌墙留槎和减少井架拆除后的修补工作。

(4) 井架应布置在现场较宽的一面,因为这一面便于堆放材料和构件,以达到缩短运距的要求。

(5) 井架设置的数量根据垂直运输量的大小、工程进度、台班工作效率及组织流水施工要求等因素计算决定,其台班吊装次数一般为 80~100 次。

(6) 卷扬机应设置安全作业棚,其位置不应距起重机械过近,以便操作人员的视线能看到整个升降过程,一般要求大于建筑物高度,水平层外脚手架 3m 以上。

(7) 井架应立在外脚手架之外,并有一定距离为宜,一般为 5~6m。

(8) 缆风设置,高度在 15m 以下时设一道,15m 以上每增高 10m 增设一道,宜用钢丝绳,并与地面夹角成 45°,当附着于建筑物时可不设缆风。

3) 建筑施工电梯的布置

建筑施工电梯是高层建筑施工中运输施工人员及建筑器材的主要垂直运输设施,它附着在建筑物外墙或其他结构部位上。确定建筑施工电梯的位置时,应考虑便于施工人员上下和物料集散;由电梯口至各施工处的平均距离应最短;便于安装附墙装置;接近电源,有良好的夜间照明。

2. 搅拌站、材料构件的堆场或仓库、加工厂的布置

搅拌站、材料构件的堆场和仓库、加工厂的位置应尽量靠近使用地点或在塔吊的服务范围内,并考虑运输和装卸料的方便。

1）搅拌站的布置

搅拌站主要指混凝土及砂浆搅拌机,其型号、规格及数量在施工方案选择时确定。其布置要求可按下述因素考虑。

（1）为了减少混凝土及砂浆运距,应尽可能布置在起重及垂直运输机械附近。当选择为塔吊方案时,其出料斗（车）应在塔吊的服务半径之内,以直接挂钩起吊为最佳。

（2）搅拌机的布置位置应考虑运输方便,所以附近应布置道路（或布置在道路附近为好）,以便砂石进场及拌和物的运输。

（3）搅拌机布置位置应考虑后台有上料的场地,搅拌站所用材料:水泥、砂、石以及水泥库（罐）等都应布置在搅拌机后台附近。

（4）有特大体积混凝土施工时,其搅拌机尽可能靠近使用地点。浇注大型混凝土基础时,可将混凝土搅拌站直接设在基础边缘,待基础混凝土浇完后再转移,以减少混凝土的运输距离。

（5）混凝土搅拌机每台所需面积约 $25m^2$,冬季施工时,考虑保温与供热设施等,所需面积为 $50m^2$ 左右。砂浆搅拌机每台所需面积约 $15m^2$,冬季施工时面积为 $30m^2$ 左右。

（6）搅拌站四周应有排水沟,以便清洗机械的污水排走,避免现场积水。

2）加工厂的布置

（1）木材、钢筋、水电卫安装等加工棚宜设置在建筑物四周稍远处,并有相应的材料及成品堆场。

（2）石灰及淋灰池可根据情况布置在砂浆搅拌机附近。

（3）沥青灶应选择较空的场地,远离易燃易爆品仓库和堆场,并布置在施工现场的下风向。

3）材料、构件的堆场或仓库的布置

各种材料、构件的堆场及仓库应先计算所需的面积,然后根据其施工进度、材料供应情况等,确定分批分期进场。同一场地可供多种材料或构件堆放,如先堆主体施工阶段的模板,后堆装饰装修施工阶段的各种面砖,先堆砖、后堆门窗等。其布置要求可按下述因素考虑。

（1）仓库的布置

水泥仓库应选择地势较高、排水方便、靠近搅拌机的地方。

各种易燃、易爆物品或有毒物品的仓库,如各种油漆、油料、亚硝酸钠、装饰材料等,应与其他物品隔开存放,室内应有良好的通风条件,存储量不易太多,应根据施工进度有计划地进出。仓库内禁止火种进入并配有灭火设备。

木材、钢筋、水电卫器材等仓库,应与加工棚结合布置,以便就近取材加工。

（2）预制构件的布置

预制构件的堆放位置应根据吊装方案,考虑吊装顺序。先吊的放在上面,后吊的放在下面。预制构件应布置在起重机械服务范围之内,堆放数量应根据施工进度、运输能力和条件等因素而定,实行分期分批配套进场,以节省堆放面积。预制构件的进场时间应与吊装就位密切结合,力求直接卸到就位位置,避免二次搬运。

（3）材料堆场的布置

各种材料堆场的面积应根据其用量的大小、使用时间的长短、供应与运输情况等计算确定。材料堆放应尽量靠近使用地点,减少或避免二次搬运,并考虑运输及卸料方便。如砂、石尽可能布置在搅拌机后台附近,砂、石不同粒径规格应分别堆放。

基础施工时所用的各种材料可堆放在基础四周,但不宜距基坑边缘太近,材料与基坑边的安全距离一般不小于0.5m,并做基坑边坡稳定性验算,防止塌方事故;围墙边堆放砂、石、石灰等散装材料时,应作高度限制,防止挤倒围墙造成意外伤害;楼层堆物,应规定其数量、位置,防止压断楼板造成坠落事故。

3. 运输道路的布置

运输道路的布置主要解决运输和消防两个问题。现场运输道路应按材料和构件运输的要求,沿着仓库和堆场进行布置。道路应尽可能利用永久性道路,或先建好永久性道路的路基,在土建工程结束之前再铺路面,以节约费用。现场道路布置时要注意保证行驶畅通,使运输工具有回转的可能性。因此,运输路线最好围绕建筑物布置成一条环行道路。道路两侧一般应结合地形设置排水沟,沟深不小于0.4m,底宽不小于0.3m。道路宽度要符合规定,一般不小于3.5m。道路的主要技术标准和最小允许曲线半径如表6-1和表6-2所示,道路路面种类和厚度如表6-3所示。

表6-1 临时道路主要技术标准

指 标 名 称	单 位	技 术 标 准
设计车速	km/h	≤20
路基宽度	m	双车道6～6.5；单车道4～4.5；困难地段3.5
路面宽度	m	双车道5～5.5；单车道3～3.5
平面曲线最小半径	m	平原、丘陵地区20；山区15；回头弯道12
最大纵坡	%	平原地区6；丘陵地区8；山区11
纵坡最短长度	m	平原地区100；山区50
桥面宽度	m	木桥4～4.5
桥涵载重等级	t	木桥涵7.8～10.4(汽6t～汽8t)

表6-2 最小允许曲线半径表

车辆类型	路面内侧最小曲线半径(m)		
	无拖车	有一辆拖车	有两辆拖车
三轮汽车	6		
一般二轴载重汽车：单车道	9	12	15
双车道	7		
三轴载重汽车、重型载重汽车	12	15	18
超重型载重汽车	15	18	21

表 6-3 临时道路路面种类和厚度

路面种类	特点及其使用条件	路基土	路面厚度（cm）	材料配合比
级配砾石路面	雨天照常通车，可通行较多车辆，但材料级配要求较严	砂质土	10～15	体积比 黏土：砂：石子＝1：0.7：3.5 重量比 1. 面层：黏土 13％～15％，砂石料 85％～87％ 2. 底层：黏土 10％，砂石混合料 90％
		黏质土或黄土	14～18	
碎（砾）石路面	雨天照常通车，碎（砾）石本身含土较多，不加砂	砂质土	10～18	碎（砾）石＞65％，当地土含量≤35％
		黏质土或黄土	15～20	
碎砖路面	可维持雨天通车，通行车辆较少	砂质土	13～15	垫层：砂或炉渣 4～5cm 底层：7～10cm 碎砖 面层：2～5cm 碎砖
		黏质土或黄土	15～18	
炉渣或矿渣路面	雨天可通车，通行车少，附近有此材料	一般土	10～15	炉渣或矿渣 75％，当地土 25％
		土较松软	15～30	
砂路面	雨天停车，通行车少，附近只有砂	砂质土	15～20	粗砂 50％，细砂、粉砂和黏质土 50％
		黏质土	15～30	
风化石屑路面	雨天停车，通行车少，附近有石料	一般土	10～15	石屑 90％，黏土 10％
石灰土路面	雨天停车，通行车少，附近有石灰	一般土	10～13	石灰 10％，当地土 90％

4. 行政管理、文化生活、福利用临时设施的布置

行政管理、文化生活、福利用临时设施的布置临时设施一般是工地办公室、宿舍、工人休息室、门卫室、食堂、开水房、浴室、厕所等临时建筑物。确定它们的位置时，应考虑使用方便，不妨碍施工，并符合防火、安全的要求。要尽量利用已有设施和已建工程，必须修建时要进行计算，合理确定面积，努力节约临时设施费用。应尽可能采用活动式结构和就地取材设置。通常，办公室应靠近施工现场，且宜设在工地出入口处；工人休息室应设在工人作业区；宿舍应布置在安全的上风向；门卫及收发室应布置在工地入口处。

行政管理、临时宿舍、生活福利用临时房屋面积参考表如表 6-4 所示。

表 6-4 行政管理、临时宿舍、生活福利用临时房屋面积参考表

序　号	临时房屋名称	参考面积（m²/人）
1	办公室	3.5
2	单层宿舍（双层床）	2.6～2.8
3	食堂兼礼堂	0.9
4	医务室	0.06（且大于等于 30m²）
5	浴室	0.10
6	俱乐部	0.10
7	门卫、收发室	6～8

5. 水、电管网的布置

1) 施工给水管网的布置

施工给水管网首先要经过设计计算,然后进行布置,包括水源选择、用水量计算(生产用水、生活用水、消防用水)、取水设施、储水设施、配水布置、管径确定等。

施工用的临时给水源一般由建设单位负责申请办理,由专业公司进行施工,施工现场范围内的施工用水由施工单位负责,布置时力求管网总长度最短。管径的大小和水龙头数目的设置需视工程规模大小通过计算确定。管道可埋于地下,也可铺设在地面上,视当地的气候条件和使用期限的长短而定。其布置形式有环形、支形、混合式三种。

给水管网应按防火要求设置消防栓,消防栓应沿道路布置,距离路边不大于2m,距离建筑物5~25m,消防栓的间距不应超过120m,且应设有明显的标志,周围3m以内不应堆放建筑材料。条件允许时,可利用城市或建设单位的永久消防设施。

高层建筑施工给水系统应设置蓄水池和加压泵,以满足高空用水的要求。

2) 施工排水管网的布置

为便于排除地面水和地下水,要及时修通永久性下水道,并结合现场地形在建筑物四周设置排泄地面水和地下水的沟渠,如排入城市污水系统,还应设置沉淀池。

在山坡地施工时,应设置拦截山水下泻的沟渠和排泄通道,防止冲毁在建工程和各种设施。

3) 用水量的计算

生产用水包括工程施工用水和施工机械用水。生活用水包括施工现场生活用水和生活区生活用水。

(1) 工程施工用水量

$$q_1 = K_1 \sum \frac{Q_1 \cdot N_1}{T_1 \cdot b} \times \frac{K_2}{8 \times 3600}$$

式中:q_1——工程施工用水量,L/s;

K_1——未预见的施工用水系数(1.05~1.15);

Q_1——年(季)度工程量(以实物计量单位表示);

N_1——施工用水定额,见表6-5;

T_1——年(季)度有效工作日,天;

b——每天工作班次,班;

K_2——施工用水不均衡系数,见表6-6。

(2) 施工机械用水量

$$q_2 = K_1 \sum Q_2 \cdot N_2 \times \frac{K_3}{8 \times 3600}$$

式中:q_2——施工机械用水量,L/s;

K_1——未预见的施工用水系数(1.05~1.15);

Q_2——同种机械台数,台;

N_2——施工机械用水定额,见表6-7;

K_3——施工机械用水不均衡系数,见表6-6。

表 6-5 施工用水（N_1）参考定额

序号	用 水 对 象	单 位	施工用水定额 N_1	备 注
1	浇注混凝土全部用水	L/m³	1700～2400	
2	搅拌普通混凝土	L/m³	250	实测数据
3	搅拌轻质混凝土	L/m³	300～350	
4	搅拌泡沫混凝土	L/m³	300～400	
5	搅拌热混凝土	L/m³	300～350	
6	混凝土养护（自然养护）	L/m³	200～400	
7	混凝土养护（蒸汽养护）	L/m³	500～700	
8	冲洗模板	L/m³	5	
9	搅拌机清洗	L/台班	600	实测数据
10	人工冲洗石子	L/m³	1000	
11	机械冲洗石子	L/m³	600	
12	洗砂	L/m³	1000	
13	砌砖工程全部用水	L/m³	150～250	
14	砌石工程全部用水	L/m³	50～80	
15	粉刷工程全部用水	L/m³	30	
16	砌耐火砖砌体	L/m³	100～150	包括砂浆搅拌
17	洗砖	L/千块	200～250	
18	洗硅酸盐砌块	L/m³	300～350	
19	抹面	L/m³	4～6	不包括调制用水找平层
20	楼地面	L/m³	190	
21	搅拌砂浆	L/m³	300	
22	石灰消化	L/m³	3000	

表 6-6 施工用水不均衡系数

项 目	用 水 名 称	系 数
K_2	施工工程用水	1.5
	生产企业用水	1.25
K_3	施工机械、运输机械	2.00
	动力设备	1.05～1.10
K_4	施工现场生活用水	1.30～1.50
K_5	居民生活用水	2.00～2.50

（3）施工现场生活用水量

$$q_3 = \frac{P_1 N_3 K_4}{b \times 8 \times 3600}$$

式中：q_3——施工现场生活用水量，L/s；

P_1——施工现场高峰期生活人数，人；

N_3——施工现场生活用水定额，见表 6-8；

K_4——施工现场生活用水不均衡系数，见表 6-6；

b——每天工作班次，班。

表 6-7　施工机械（N_2）用水参考定额

序号	用水对象	单位	耗水量 N_2	备注
1	内燃挖土机	L/(台·m³)	200～300	以斗容量 m³ 计
2	内燃起重机	L/(台班·t)	15～18	以起重吨数计
3	蒸汽起重机	L/(台班·t)	300～400	以起重吨数计
4	蒸汽打桩机	L/(台班·t)	1000～1200	以锤重吨数计
5	蒸汽压路机	L/(台班·t)	100～150	以压路机吨数计
6	内燃压路机	L/(台班·t)	12～15	以压路机吨数计
7	拖拉机	L/(昼夜·台)	200～300	
8	汽车	L/(昼夜·台)	400～700	
9	标准轨蒸汽机车	L/(昼夜·台)	10000～20000	
10	窄轨蒸汽机车	L/(昼夜·台)	4000～7000	
11	空气压缩机	L/[台班·(m³/min)]	40～80	以压缩空气排气量 m³/min 计
12	内燃机动力装置（直流水）	L/(台班·马力)	120～300	
13	内燃机动力装置（循环水）	L/(台班·马力)	25～40	
14	锅炉	L/(h·t)	1000	以小时蒸发量计
15	点焊机 25 型	L/h	100	实测数据
	50 型	L/h	150～200	实测数据
	75 型	L/h	250～350	
16	冷拔机	L/h	300	
17	对焊机	L/h	300	
18	凿岩机车 01-30(CM-56)	L/min	3	
	01-45(TN-4)	L/min	5	
	01-38(KⅡM-4)	L/min	8	
	YQ-100	L/min	8～12	

表 6-8　生活用水量 N_3（N_4）用水参考定额

序号	用水对象	单位	耗水量 N_3（N_4）	备注
1	工地全部生活用水	L/(人·日)	100～120	
2	盥洗生活用水	L/(人·日)	25～30	
3	食堂	L/(人·日)	15～20	
4	浴室（淋浴）	L/(人·次)	50	
5	洗衣	L/(人·次)	30～35	
6	理发室	L/人	15	
7	小学校	L/(人·日)	12～15	
8	幼儿园、托儿所	L/(人·日)	75～90	
9	医院	L/(病床·日)	100～150	

（4）生活区生活用水量

$$q_4 = \frac{P_2 N_4 K_5}{24 \times 3600}$$

式中：q_4——生活区生活用水量，L/s；

　　　P_2——生活区居民人数，人；

N_4——生活区昼夜全部用水定额,见表 6-8;

K_5——生活区用水不均衡系数,见表 6-6。

(5) 消防用水量

消防用水量(q_5),见表 6-9。

表 6-9　消防用水量

用 水 名 称	规 模	火灾同时发生次数	单 位	用 水 量
居民区消防用水	5000 人以内	一次	L/s	10
	10000 人以内	二次	L/s	10~15
	25000 人以内	三次	L/s	15~20
施工现场消防用水	施工现场在 25 公顷以内	一次	L/s	10~15
	每增加 25 公顷递增			5

注:浙江省以 10L/s 考虑,即两股水流每股 5L/s。

(6) 总用水量 $Q_{理论}$

当($q_1+q_2+q_3+q_4$)≤q_5 时,则

$$Q_{理论} = q_5 + (q_1+q_2+q_3+q_4)/2$$

当($q_1+q_2+q_3+q_4$)>q_5 时,则

$$Q_{理论} = q_1+q_2+q_3+q_4$$

当工地面积小于 5 万 m^2,并且($q_1+q_2+q_3+q_4$)<q_5 时,则 $Q_{理论}=q_5$。

最后计算的总用水量还应增加 10%,即 $Q_{实际}=1.1Q_{理论}$,以补偿不可避免的水管渗漏损失。

4) 确定供水直径

在计算出工地的总需水量后,可计算出管径,公式如下:

$$D = \sqrt{\frac{4Q_{实际} \times 1000}{\pi \times v}}$$

式中:D——配水管内径,mm;

　　$Q_{实际}$——用水量,L/s;

　　v——管网中水的流速,m/s,见表 6-10。

表 6-10　临时水管经济流速表

管 径	流速(m/s)	
	正常时间	消防时间
支管 $D<0.10m$	2	
生产消防管道 $D=0.1~0.3m$	1.3	>3.0
生产消防管道 $D>0.3m$	1.5~1.7	2.5
生产用水管道 $D>0.3m$	1.5~2.5	3.0

5) 施工供电的布置

施工用电的设计应包括用电量计算、电源选择、电力系统选择和配置。用电量包括动力

用电和照明电量。如果是独立的工程施工,要先计算出施工用电总量,并选择相应变压器,然后计算导线截面积并确定供电网形式;如果是扩建工程,可计算出施工用电总量供建设单位解决,不另设变压器。

现场线路应尽量架设在道路的一侧,并尽量保持线路水平。低压线路中,电杆间距应为 25~40m,分支线及引入线均应由电杆处接出,不得在两杆之间接出。

线路应布置在起重机的回转半径之外,否则应搭设防护栏,其高度要超过线路 2m。机械运转时还应采取相应措施,以确保安全。现场机械较多时,可采用埋地电缆,以减少互相干扰。

6)工地总用电的计算

施工现场用电量大体上可分为动力用电量和照明用电量两类。在计算用电量时,应考虑以下几点。

(1)全工地使用的电力机械设备、工具和照明的用电功率。

(2)施工总进度计划中,施工高峰期同时用电数量。

(3)各种电力机械的利用情况。

总用电量可按下式计算

$$P = (1.05 \sim 1.10) \left[K_1 \frac{\sum P_1}{\cos\varphi} + K_2 \sum P_2 + K_3 \sum P_3 + K_4 \sum P_4 \right]$$

式中:P——供电设备总需要容量,kVA;

P_1——电动机额定功率,kW;

P_2——电焊机额定容量,kVA;

P_3——室内照明容量,kW;

P_4——室外照明容量,kW;

$\cos\varphi$——电动机的平均功率因数(施工现场最高为 0.75~0.78,一般为 0.65~0.75);

K_1、K_2、K_3、K_4——需要系数,见表 6-11。

表 6-11　需要系数(K 值)

用电名称	数量	需要系数 K		备 注
电动机	3~10 台	K_1	0.7	如施工中需要电热,应将其用电量计算进去。为使计算结果接近实际,式中各项动力和照明用电,应根据不同工作性质分类计算
	11~30 台		0.6	
	30 台以上		0.5	
加工厂动力设备			0.5	
电焊机	3~10 台	K_2	0.6	
	10 台以上		0.5	
室内照明		K_3	0.8	
室外照明		K_4		

施工时,最大用电负荷量以动力用电量为准,不考虑照明用电。各种机械设备以及室外照明用电可参考有关定额。

由于照明用电量所占的比重较动力用电量要少很多,所以在估算总用电量时可以简化,只要在动力用电量(即上式括号中的第一、二两项)之外再加 10% 作为照明用电量即可。

绘图图例见表 6-12。

表 6-12 绘图图例

序号	名称	图例	序号	名称	图例
1	水准点	⊗ 点名/高程	15	施工用临时道路	
2	原有房屋		16	临时露天堆场	
3	拟建正式房屋		17	施工期间利用的永久堆场	
4	施工期间利用的拟建正式房屋		18	土堆	
5	将来拟建正式房屋		19	砂堆	
6	临时房屋:密闭式、敞篷式		20	砾石、碎石堆	
7	拟建的各种材料围墙		21	块石堆	
8	临时围墙	——×——×——	22	砖墙	
9	建筑工地界线	—·—·—	23	钢筋堆场	
10	烟囱		24	型钢堆场	
11	水塔		25	铁管堆场	
12	房角坐标	$x=1\ 530$ $y=2\ 156$	26	钢筋成器场	
13	室内地面水平标高	105.10 ▽	27	钢结构场	
14	现有永久公路		28	屋面板存入场	

序号	名称	图例	序号	名称	图例
29	一般构件存放场		43	总降压变电站	
30	矿渣、灰渣堆		44	发电站	
31	废料堆场		45	变电站	
32	脚手、模板堆场		46	变压器	
33	原有的水管线		47	投光灯	
34	临时给水管线		48	电杆	
35	给水阀门（水嘴）		49	现有高压 6kV 线路	—WW6—WW6—
36	支管接管位置		50	施工期间利用的永久高压 6kV 线路	—LWW6—LWW6—
37	消防栓（原有）		51	塔轨	
38	消防栓（临时）		52	塔吊	
39	原有化粪池		53	井架	
40	拟建化粪池		54	门架	
41	水源		55	卷扬机	
42	电源		56	履带式起重机	

续表

序号	名称	图例	序号	名称	图例
57	汽车式起重机		64	灰浆搅拌机	
58	缆式起重机		65	洗石机	
59	铁路式起重机		66	打桩机	
60	多斗挖土机		67	脚手架	
61	推土机		68	淋灰池	
62	铲运机		69	沥青锅	
63	混凝土搅拌机		70	避雷针	

临时加工厂所需面积参考指标如表 6-13 所示。

表 6-13 临时加工厂所需面积参考指标

序号	加工厂名称	年产量		单位产量所需建筑面积		占地总面积(m²)	备　注
		单位	数量	单位	数量		
1	混凝土搅拌站	m²	3200 4800 6400	m²/m³	0.022 0.021 0.020	按砂石堆场考虑	400L 搅拌机 2 台 400L 搅拌机 3 台 400L 搅拌机 4 台
2	临时性混凝土预制厂	m²	1000 2000 3000 5000	m²/m	0.25 0.20 0.15 0.125	2000 3000 4000 <6000	生产屋面板和中小型梁柱板等,配有蒸养设施
3	钢筋加工厂	t	200 500 1000 2000	m²/t	0.35 0.25 0.20 0.15	280～560 380～500 400～800 450～900	加工、成型、焊接
4	金属结构加工厂(包括一般铁件)	所需场地(m²/台)					按一批加工数量计算
		10		年产 500t			
		8		年产 1000t			
		6		年产 2000t			
		5		年产 3000t			
5	石灰消化←储灰池 淋灰池 淋灰槽	5×3＝15(m²) 4×3＝12(m²) 3×2＝6(m²)					每 600kg 石灰可消化 1m² 石灰膏每 2 个储灰池配 1 套淋灰池和淋灰槽

现场作业棚所需面积参考指标如表 6-14 所示。

表 6-14　现场作业棚所需面积参考指标

临时房屋名称		参考指标（m²/人）	说　　明
办公室		3～4	按管理人员人数
宿舍	双层床	2.0～2.5	按高峰年（季）平均职工人数（扣除不在工地住宿人数）
	单层床	3.5～4.5	
食堂		3.5～4	
浴室		0.5～0.8	按高峰年平均职工人数
活动室		0.07～0.1	
现场小型设施	开水房厕所	0.01～0.04 0.02～0.07	

行政生活福利临时设施建筑面积参考指标如表 6-15 所示。

表 6-15　行政生活福利临时设施建筑面积参考指标

序　号	名　称	单　位	面　积
1	木工作业棚	m²/人	2
2	钢筋作业棚	m²/人	3
3	搅拌棚	m²/台	10～18
4	卷扬机棚	m²/台	6～12
5	电工房	m²	15
6	白铁工房	m²	20
7	油漆工房	m²	20
8	机、钳工修理房	m²	20

6.5　施工现场总平面布置图管理

6.5.1　流程化管理

施工总平面图应随施工组织设计内容一起报批,过程修改应及时并履行相关手续。

6.5.2　施工平面图现场管理要点

1. 目的

使场容美观、整洁,道路畅通,材料放置有序,施工有条不紊,安全文明,相关方都满意,管理方便、有序。

2. 总体要求

满足施工需求、现场文明、安全有序、整洁卫生、不扰民、不损害公众利益、绿色环保。

3. 出入口管理

现场大门应设置警卫岗亭,安排警卫人员 24h 值班,检查人员出入证、材料运输单等,以达到管理有序、安全的目的。根据《建筑工程施工现场环境与卫生标准》(JGJ 146—2013)规定：施工现场出入口应标有企业名称或企业标识,主要出入口应设置工程概况牌、施工现场总平面图、安全生产、消防保卫、环境保护、文明施工等制度牌。

4.规范场容

(1) 施工平面图设计应科学、合理,临时建筑、物料堆放与机械设备定位应准确,施工现场场容绿色环保。

(2) 在施工现场周边按相关规范要求设置临时维护设施。

(3) 现场内沿临时道路设置畅通的排水系统。

(4) 现场道路及主要场地做硬化处理。

(5) 设专人清扫办公区和生活区,并对施工作业区和临时道路洒水、清扫。

(6) 建筑垃圾应设定固定区域封闭管理并及时清运。

5.环境保护

工程施工可能对环境造成的影响有：大气污染、室内空气污染、水污染、土壤污染、噪声污染、光污染、垃圾污染等。对这些污染均应按有关环境保护的法规和相关规定进行防治。

6.消防保卫

(1) 必须按照《中华人民共和国消防法》的规定,建立和执行消防管理制度。

(2) 现场道路应符合施工期间的消防要求。

(3) 设置符合要求的防火设施和报警系统。

(4) 在火灾易发生区域施工和储存、使用易燃易爆器材,应采取特殊消防安全措施。

(5) 现场严禁吸烟。

(6) 施工现场严禁焚烧各类废弃物。

(7) 严格现场动火证的管理。

7.卫生防疫管理

(1) 加强对工地食堂、炊事人员和炊具的管理。食堂必须有卫生许可证,炊事人员必须持身体健康证上岗,炊具配置应符合相关规定的要求。确保卫生防疫,杜绝传染病和食物中毒事故的发生。

(2) 根据需要制定和执行防暑、降温、消毒、防病等措施。

6.5.3 施工临时用电管理

(1) 施工现场操作电工必须经过国家现行标准考核合格后,持证上岗工作。

(2) 各类用电人员必须通过相关安全教育培训和技术交底,掌握安全用电基本知识和所用设备的性能,考核合格后方可上岗工作。

(3) 安装、巡检、维修或拆除临时用电设备和线路,必须由电工完成,并应有人监护。

(4) 临时用电组织设计规定如下。

① 施工现场临时用电设备在5台及以上或设备总容量在50kW及以上的,应编制用电组织设计。

② 装饰装修工程或其他特殊施工阶段,应补充编制单项施工用电方案。

(5) 临时用电组织设计及变更必须由电气工程技术人员编制,相关部门审核,并经具有法人资格企业的技术负责人批准,现场监理签认后实施。

(6)临时用电工程必须经编制、审核、批准部门和使用单位共同验收,合格后方可投入使用。

(7)临时用电工程定期检查应按分部、分项工程进行,对安全隐患必须及时处理,并应履行复查验收手续。

6.5.4　施工临时用水管理

项目应贯彻执行绿色施工规范,采取合理的节水措施并加强临时用水管理。

1. 施工临时用水管理的内容

(1)计算临时用水量。临时用水量包括:现场施工用水量、施工机械用水量、施工现场生活用水量、生活区生活用水量、消防用水量。同时应考虑使用过程中水量的损失。分别计算了以上各项用水量之后,才能确定总用水量。

(2)确定供水系统。供水系统包括:取水位置、取水设施、净水设施、储水装置、输水管、配水管管网和末端配置。供水系统应经过科学的计算和设计。

2. 供水设施

(1)供水管网布置的原则如下:在保证不间断供水的情况下,管道铺设越短越好;要考虑施工期间各段管网移动的可能性;主要供水管线采用环状布置,孤立点可设支线;尽量利用已有的或提前修建的永久管道;管径要经过计算确定。

(2)管线穿路处均要套以铁管,并埋入地下 0.6m 处,以防重压。

(3)过冬的临时水管须埋入冰冻线以下或采取保温措施。

(4)排水沟沿道路布置,纵坡不小于 0.2%,过路处须设涵管,在山地建设时应有防洪设施。

(5)消火栓间距不大于 120m;距拟建房屋不小于 5m 且不大于 25m,距路边不大于 2m。

(6)各种管道布置应符合相关规定要求。

6.5.5　施工现场防火

1. 消防器材的配备

(1)临时搭设的建筑物区域内每 100m² 配备 2 只 10L 灭火器。

(2)大型临时设施总面积超过 1200m² 时,应配有专供消防用的太平桶、积水桶(池)、黄砂池,且周围不得堆放易燃物品。

(3)临时木料间、油漆间、木工机具间等,每 25m² 配备一只灭火器。油库、危险品库应配备数量与种类匹配的灭火器、高压水泵。

(4)应有足够的消防水源,其进水口一般不应少于两处。

(5)室外消火栓应沿消防车道或堆料场内交通道路的边缘设置,消火栓之间的距离不应大于 120m;消防箱内消防水管长度不小于 25m。

2. 灭火器设置要求

(1)灭火器应设置在明显的位置,如房间出入口、通道、走廊、门厅及楼梯等部位。

（2）灭火器的铭牌必须朝外，以方便人们直接看到灭火器的主要性能指标和使用方法。

（3）手提式灭火器设置在挂钩、托架上或消防箱内，其顶部离地面高度应小于1.50m，底部离地面高度不宜小于0.15m。这一要求的目的如下。

①便于人们对灭火器进行保管和维护。

②方便扑救人员安全取用。

③防止潮湿的地面影响灭火器性能和便于平时卫生清理。

（4）设置于挂钩、托架上或消防箱内的手提式灭火器应正面竖直放置。

（5）环境干燥、条件较好的场所，手提式灭火器可直接放在地面上。

（6）设置于消防箱内的手提式灭火器，可直接放在消防箱的底面上，但消防箱离地面的高度不宜小于0.15m。

（7）灭火器不得放置于环境温度超出其使用温度范围的地点。

（8）从灭火器出厂日期算起，达到灭火器报废年限的，必须强制报废。

3．施工现场防火要求

（1）施工组织设计中的施工平面图、施工方案均应符合消防安全的相关规定和要求。

（2）施工现场应明确划分施工作业区、易燃可燃材料堆场、材料仓库、易燃废品集中站和生活区。

（3）施工现场夜间应设置照明设施，保持车辆畅通，有人值班巡逻。

（4）不得在高压线下面搭设临时性建筑物或堆放可燃物品。

（5）施工现场应配备足够的消防器材，并设专人维护、管理，定期更新，确保使用有效。

（6）土建施工期间，应先将消防器材和设施配备好，同时敷设室外消防水管和消火栓。

（7）危险物品之间的堆放距离不得小于10m，危险物品与易燃易爆品的堆放距离不得小于3m。

（8）乙炔瓶和氧气瓶的存放间距不得小于2m，使用时距离不得小于5m。

（9）氧气瓶、乙炔瓶等焊割设备上的安全附件应完整有效，否则不得使用。

（10）施工现场的焊、割作业，必须符合安全防火的要求。

（11）冬期施工采用保温加热措施时，应有相应的方案并符合相关规定要求。

（12）施工现场动火作业必须执行动火审批制度。

4．油漆料库与调料间的防火要求

（1）油漆料库与调料间应分开设置，且应与散发火星的场所保持一定的防火间距。

（2）性质相抵触、灭火方法不同的品种，应分库存放。

（3）涂料和稀释剂的存放和管理，应符合《仓库防火安全管理规则》的要求。

（4）调料间应通风良好，并应采用防爆电器设备，室内禁止一切火源，调料间不能兼做更衣室和休息室。

（5）调料人员应穿不易产生静电的工作服、不带钉子的鞋。开启涂料和稀释剂包装时，应采用不易产生火花型工具。

（6）调料人员应严格遵守操作规程，调料间内不应存放超过当日调制所需的原料。

5．木工操作间的防火要求

（1）操作间的建筑应采用阻燃材料搭建。

（2）操作间应设消防水箱和消防水桶，储存消防用水。

（3）操作间冬季宜采用暖气（水暖）供暖，如用火炉取暖时，必须在四周采取挡火措施；不应用燃烧劈柴、刨花代煤取暖。每个火炉都要有专人负责，下班时要将余火彻底熄灭。

（4）电气设备的安装要符合要求。抛光、电锯等部位的电气设备应采用密封式或防爆式设备。刨花、锯末较多部位的电动机，应安装防尘罩并及时清理。

（5）操作间内严禁吸烟和明火作业。

（6）操作间只能存放当班的用料，成品及半成品要及时运走。木工应做到活完场地清，刨花、锯末每班都打扫干净，倒在指定地点。

（7）严格遵守操作规程，对旧木料一定要经过检查，起出铁钉等金属后，方可上锯锯料。

（8）配电盘、刀闸下方不能堆放成品、半成品及废料。

（9）工作完毕应拉闸断电，并经检查确认无火险后方可离开。

单元 7 施工组织设计实训

7.1 实 训 内 容

根据某施工项目的建筑、结构施工图、施工预算、资源条件等有关资料，编制某施工项目的施工组织设计。必须完成以下内容。

1．工程概况和施工特点分析

（1）工程建设概况。

（2）工程建设地点特征。

（3）建筑设计概况。

（4）结构设计概况。

（5）工程施工条件。

（6）工程施工特点分析。

2．施工部署

（1）工程施工目标应根据施工合同、招标文件以及本单位对工程管理目标的要求确定，包括进度、质量、安全、环境和成本等目标。各项目标应满足施工组织总设计中确定的总体目标。

（2）施工部署中的进度安排和空间组织应符合下列规定。

① 工程主要施工内容及其进度安排应明确说明，施工顺序应符合工序逻辑关系。

② 施工流水段应结合工程具体情况分阶段进行划分；单位工程施工阶段的划分一般包括地基基础、主体结构、装修装饰和机电设备安装三个阶段。

③ 对于工程施工的重点和难点应进行分析，包括组织管理和施工技术两个方面。

④ 工程管理的组织机构形式应按照《建筑施工组织设计规范》第 4.2.3 条的规定执行，并确定项目经理部的工作岗位设置及其职责划分。

3．施工方案选择

（1）确定施工起点流向。

（2）确定分部分项工程施工顺序。

（3）确定主要分部分项工程的施工方法和选择适用的施工机械（钢结构专业为钢结构吊装方案）。

（4）确定流水施工组织。

4．施工进度计划的编制

（1）确定分部分项工程的名称，并计算其工程量。

（2）套用施工定额，计算各分部分项工程施工所需的劳动量、机械台班量、持续时间。

（3）编制施工进度计划，可用横道图计划或双代号网络图计划。

5．施工准备工作计划的编制

根据原始资料的调查分析、技术准备、施工现场准备、资源准备、季节性施工准备工作的内容、要求、时间、负责单位和负责人，编制出施工准备工作计划。

6．施工平面图设计（结合三维平面图软件）

（1）确定起重垂直运输机械的位置。

（2）确定搅拌站、仓库和材料、构件堆场以及加工厂的位置。

（3）施工道路的布置。

（4）临时设施的布置。

（5）临时供水、供电管网的布置。

（6）绘制施工平面图。

7．施工技术组织措施的制定

（1）施工技术措施。

（2）施工质量保证措施。

（3）施工进度保证措施。

（4）施工安全保证措施。

（5）施工成本降低措施。

（6）文明施工措施。

（7）施工现场环境保护措施。

7.2 实 训 要 求

实训要求如下。

（1）每位同学必须独立完成实训内容。

（2）实训期间，每位同学必须参加指导教师的讲课和指导，并利用课余时间努力完成实训内容。

（3）每位同学必须按计划完成阶段性实训成果，并随时接受实训指导教师的检查。

（4）实训期间，应认真学习并贯彻国家有关法规和工程建设标准。

（5）实训期间，应安排适当时间参观考察施工现场，使实训成果和工程实践相结合。

（6）要求图面表达完整、整洁、美观，线型图例表达正确，符合现行国家有关制图标准。

（7）实训成果必须按规定要求装订成册，封面、封底必须采用班级统一用纸装订。

（8）按规定时间提交实训成果，包括打印版和电子版。

7.3 施工组织设计实训指导

7.3.1 工程概况和施工特点分析

工程概况和施工特点分析的编制程序如图 7-1 所示。

工程概况,是指对施工项目的工程建设概况、工程建设地点特征、建筑设计概况、结构设计概况、施工条件和施工特点分析等内容所做的一个简要的、突出重点的文字介绍。为了弥补文字叙述的不足,可辅以施工项目的主要平面、立面、剖面简图,图中只要注明轴线尺寸、总长、总宽、层高及总高等主要建筑尺寸,细部构造尺寸可以不注出,以力求简洁明了。当施工项目规模比较小、建筑结构比较简单、技术要求比较低时,可以采用表格的形式来介绍说明,见表 7-1。

图 7-1 工程概况和施工特点
分析编制程序

1. 工程建设概况

主要介绍拟建工程的工程名称,开工、竣工日期,建设单位、勘察单位、设计单位、施工单位、监理单位、质监单位、安监单位,施工图纸情况,施工合同签订情况,有关部门的要求,以及组织施工的指导思想等。

2. 工程建设地点特征

主要介绍拟建工程所在的位置、地形、地质、地下水位、水质、气温、冬雨期期限、主导风向、风力、地震设防烈度和抗震等级等特征。

3. 建筑设计概况

主要介绍拟建工程的建筑面积,平面形状和平面组合情况,层数、层高、总高度、总长度、总宽度等尺寸及室内、室外装修的构造做法,可附拟建工程的主要平面、立面、剖面简图。

4. 结构设计概况

主要介绍拟建工程基础构造特点及埋置深度,设备基础的形式,桩基础的桩种类、直径、长度、数量,主体结构的类型,墙、柱、梁、板的材料及主要截面尺寸,预制构件的类型、重量及安装位置,楼梯构造及形式等。

5. 施工条件

主要介绍拟建工程施工现场及周围环境情况,"三通一平"情况,预制构件的生产能力及供应情况,当地的交通运输条件,施工单位劳动力、材料、机具等资源的配备情况,内部承包方式、劳动组织形式及施工管理水平,现场临时设施、供水、供电问题的解决等。

6. 施工特点分析

主要介绍拟建工程施工过程中重点、难点所在,以便突出重点,抓住关键,使施工生产正常顺利地进行,以提高建筑业企业的经济效益和经营管理水平。

不同类型的建筑,不同条件下的工程施工,均有不同的施工特点。如高层现浇钢筋混凝土结构房屋的施工特点是:基础埋置深及挖土方工程量大,钢材加工量大,模板工程量大,基础及主体结构混凝土浇筑量大且浇筑困难,结构和施工机具设备的稳定性要求高,脚手架搭设必须进行设计计算,安全问题突出,要有高效率的施工机械设备等。

表 7-1　工程概况表

建设单位		建 筑 结 构		装 修 要 求	
设计单位		层数		内粉	
勘查单位		基础		外粉	
施工单位		墙体		门窗	
监理单位		柱		楼面	
建筑面积(m²)		梁		地面	
工程造价(万元)		楼板		天棚	
编制说明	开工日期		屋架		
	竣工日期		吊车架		
	上级文件和要求			地质情况	
	施工图纸情况			地下水位	最高
	合同签订情况				最低
					常年
	土地征购情况			雨量	日最大量
					一次最大
	三通一平情况				全年
	主要材料落实程度			气温	最高
					最低
	临时设施解决办法				平均
	其他			其他	

7.3.2　施工部署

施工部署是对整个建设项目全局做出的统筹规划和全面安排,其主要解决影响建设项目全局的重大战略问题。由于建设项目的性质、规模和客观条件不同,施工部署内容和侧重点会有所不同。一般应包括以下内容:确定工程开展程序、拟定主要工程项目的施工方案、明确施工任务划分与组织安排,编制施工准备工作计划。施工部署主要应该写清楚组织机构、人员、队伍、设备、施工顺序、总体安排、临时设施规划等。

(1)工程施工目标应根据施工合同、招标文件以及本单位对工程管理目标的要求确定,包括进度、质量、安全、环境和成本等目标。各项目标应满足施工组织总设计中确定的总体目标。

（2）施工部署中的进度安排和空间组织应符合下列规定。

① 工程主要施工内容及其进度安排应明确说明，施工顺序应符合工序逻辑关系。

根据建设项目总目标的要求，确定工程分期分批施工的合理开展程序；对于小型企业或大型建设项目的某个系统，由于工期较短或生产工艺的要求，亦可不必分期分批建设，采取一次性建成投产。

② 施工流水段应结合工程具体情况分阶段进行划分，单位工程施工阶段的划分一般包括地基基础、主体结构、装修装饰和机电设备安装三个阶段。

（3）应对工程施工的重点和难点进行分析，包括组织管理和施工技术两个方面。

在明确施工项目管理体制、机构的条件下，划分各参与施工单位的工作任务，明确总包与分包的关系，建立施工现场统一的组织领导机构及职能部门，确定综合的和专业化的施工组织，明确各单位之间分工与协作的关系，划分施工阶段，确定各单位分期分批的主攻项目和穿插项目。

（4）工程管理的组织机构形式应按照《建筑施工组织设计规范》第 4.2.3 条的规定执行，并确定项目经理部的工作岗位设置及其职责划分（图 7-2）。

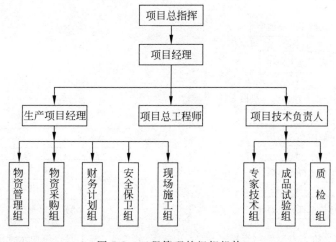

图 7-2 工程管理的组织机构

7.3.3 施工方案

施工方案的编制程序如图 7-3 所示。

施工方案的选择是施工组织设计的重要环节，是决定整个工程施工全局的关键。施工方案选择的科学与否，不仅影响到施工进度的安排和施工平面图的布置，而且将直接影响到工程的施工效率、施工质量、施工安全、工期和技术经济效果，因此必须引起足够的重视。为此必须在若干个初步方案的基础上进行认真分析比较，力求选择出施工可行、技术先进、经济合理、安全可靠的施工方案。

在选择施工方案时应着重研究以下内容：确定施工起点流向；确定施工顺序；选择施工方法和施工机械。

1. 确定施工起点流向

施工起点流向是指拟建工程在平面或竖向空间上施工开始的部位和开展的方向。这主要取决于生产需要,缩短工期、保证施工质量和确保施工安全等要求。一般来说,对高层建筑物,除了确定每层平面上的施工起点流向外,还要确定其层间或单元竖向空间上施工起点流向,如室内抹灰工程是采用水平向下、垂直向下,还是水平向上、垂直向上的施工起点流向。

确定施工起点流向,要涉及一系列施工过程的开展和进程,应考虑以下几个因素。

1) 生产工艺流程

生产工艺流程是确定施工起点流向的基本因素,也是关键因素。因此,从生产工艺上考虑,影响其他工段试车投产的工段应先施工。如 B 车间生产的产品受 A 车间生产的产品的影响,A 车间分为三个施工段(A Ⅰ、A Ⅱ、A Ⅲ 段),且 A Ⅱ 段的生产要受 A Ⅰ 段的约束,A Ⅲ 段的生产要受 A Ⅱ 段的约束。故其施工起点流向应从 A 车间的工段开始,A 车间施工完后,再进行 B 车间的施工,即 A Ⅰ →A Ⅱ →A Ⅲ →B,如图 7-4 所示。

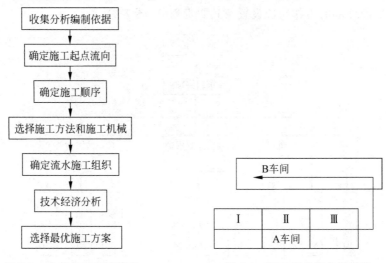

图 7-3 施工方案编制程序   图 7-4 施工起点流向示意图

2) 建设单位对生产和使用的需要

一般建设单位对生产和使用要求急的工段或部位先施工。如某职业技术学院项目建设的施工起点流向示意图,如图 7-5 所示。

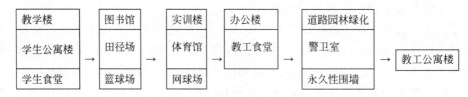

图 7-5 施工起点流向示意图

3) 施工的繁简程度

一般工程规模大、建筑结构复杂、技术要求高、施工进度慢、工期长的工段或部位先施工。如高层现浇钢筋混凝土结构房屋,主楼部分应先施工,附房部分后施工。

4）房屋高低层或高低跨

当有房屋高低层或高低跨并列时，应从高低层或高低跨并列处开始，如屋面防水层应按先高后低方向施工，同一屋面则由檐口向屋脊方向施工；基础有深浅时，应按先深后浅的顺序进行施工。

5）现场施工条件和施工方案

施工现场场地的大小，施工道路布置，施工方案所采用的施工方法和选用施工机械的不同，是确定施工起点流向的主要因素。如土方工程施工中，边开挖边外运余土，在保证施工质量的前提条件下，一般施工起点应确定在离道路远的部位，由远及近地展开施工；挖土机械可选用正铲、反铲、拉铲、抓铲挖土机等，这些挖土施工机械本身工作原理、开行路线、布置位置，便决定了土方工程施工的施工起点流向。

6）分部工程特点及其相互关系

根据不同分部工程及其相关关系，施工起点流向在确定时也不尽相同。如基础工程由施工机械和施工方法决定其平面、竖向空间的施工起点流向；主体工程一般均采用自下而上的施工起点流向；装饰工程竖向空间的施工起点流向较复杂，室外装饰一般采用自上而下的施工起点流向，室内装饰可采用自上而下、自下而上或自中而下，再自上而中的施工起点流向，同一楼层中可采用楼地面→顶棚→墙面和顶棚→墙面→楼地面两种施工起点流向。

2．确定施工顺序

确定合理的施工顺序是选择施工方案必须考虑的主要问题。施工顺序是指分部分项工程施工的先后顺序。确定施工顺序既是为了按照客观的施工规律组织施工和解决工种之间的合理搭接问题，也是编制施工进度计划的需要，在保证施工质量和确保施工安全的前提下，充分利用空间，争取时间，以达到缩短施工工期的目的。

在实际工程施工中，施工顺序可以有多种。不仅不同类型建筑物的建造过程有不同的施工顺序，而且在同一类型的建筑物建造过程中，甚至同一幢房屋的建造过程中，也会有不同的施工顺序。因此，我们的任务就是如何在众多的施工顺序中，选择既符合客观施工规律，又最合理的施工顺序。

1）确定施工顺序应遵循的基本原则

（1）先地下后地上。先地下后地上指的是地上工程开始之前，把土方工程和基础工程全部完成或基本完成。从施工工艺的角度考虑，必须先地下后地上，地下工程施工时应做到先深后浅，以免对地上部分施工生产产生干扰，既给施工带来不便，又会造成浪费，影响施工质量和施工安全。

（2）先主体后围护。先主体后围护指的是在多层及高层现浇钢筋混凝土结构房屋和装配式钢筋混凝土单层工业厂房施工中，先进行主体结构施工，后完成围护工程。同时，主体结构与围护工程在总的施工顺序上要合理搭接，一般来说，多层现浇钢筋混凝土结构房屋以少搭接为宜，而高层现浇钢筋混凝土结构房屋则应尽量搭接施工，以缩短施工工期；而在装配式钢筋混凝土单层工业厂房施工中，主体结构与围护工程一般不搭接。

（3）先结构后装饰。先结构后装饰指的是先进行结构施工，后进行装饰施工，是针对一般情况而言，有时为了缩短施工工期，在保证施工质量和确保施工安全的前提条件下，也可以有部分合理的搭接。随着新的结构体系的涌现、建筑施工技术的发展和建筑工业化水平的提高，某些结构的构件就是结构与装饰同时在工厂中完成，如大板结构建筑。

（4）先土建后设备。先土建后设备指的是在一般情况下，土建施工应先于水、暖、煤、卫、电等建筑设备的施工。但它们之间更多的是穿插配合关系，尤其在装饰施工阶段，要从保证施工质量、确保施工安全、降低施工成本的角度出发，正确处理好相应之间的配合关系。

以上原则可概括为"四先四后"原则，在特殊情况下，并不是一成不变的，如在冬期施工之前，应尽可能完成土建和围护工程，以利于施工中的防寒和室内作业的开展，从而达到改善工人的劳动环境，缩短施工工期的目的；又如在一些重型工业厂房施工中，就可能要先进行设备施工，后进行土建施工。因此，随着新的结构体系的涌现，建筑施工技术的发展、建筑工业化水平和建筑业企业经营管理水平的提高，以上原则也在进一步的发展完善之中。

2）确定施工顺序应符合的基本要求

在确定施工顺序的过程中，应遵守上述基本原则，还应符合以下基本要求。

（1）必须符合施工工艺的要求。建筑物在建造过程中，各分部分项工程之间存在着一定的工艺顺序关系。这种顺序关系随着建筑物结构和构造的不同而变化，在确定施工顺序时，应注意分析建筑建造过程中各分部分项工程之间的工艺关系，施工顺序的确定不能违背工艺关系。如基础工程未做完，其上部结构就不能进行；土方工程完成后，才能进行垫层施工；墙体砌完后，才能进行抹灰施工；钢筋混凝土构件必须在支模、绑扎钢筋工作完成后，才能浇筑混凝土；现浇钢筋混凝土房屋施工中，主体结构全部完成或部分完成后，再做围护工程。

（2）必须与施工方法协调一致。确定施工顺序，必须考虑选用的施工方法，施工方法不同施工顺序就可能不同。如在装配式钢筋混凝土单层工业厂房施工中，采用分件吊装法，则施工顺序是先吊柱、再吊梁，最后吊一个节间的屋架及屋面板等；采用综合吊装法，则施工顺序为第一个节间全部构件吊完后，再依次吊装下一个节间，直至全部吊完。

（3）必须考虑施工组织的要求。工程施工可以采用不同的施工组织方式，确定施工顺序必须考虑施工组织的要求。如有地下室的高层建筑，其地下室地面工程可以安排在地下室顶板施工前进行，也可以安排在地下室顶板施工后进行。从施工组织方面考虑，前者施工较方便，上部空间宽敞，可以利用吊装机械直接将地面施工用的材料吊到地下室；而后者，地面材料运输和施工就比较困难。

（4）必须考虑施工质量的要求。安排施工顺序时，要以能保证施工质量为前提条件，影响施工质量时，要重新安排施工顺序或采取必要技术组织措施。如屋面防水层施工，必须等找平层干燥后才能进行，否则将影响防水工程施工质量；室内装饰施工，做面层时须待中层干燥后才能进行；楼梯抹灰安排在上一层的装饰工程全部完成后进行。

（5）必须考虑当地的气候条件。确定施工顺序，必须与当地的气候条件结合起来。如在雨期和冬期施工到来之前,应尽量先做基础、主体工程和室外工程,为室内施工创造条件;在冬期施工时,可先安装门窗玻璃,再做室内楼地面、顶棚、墙抹灰施工,这样安排施工有利于改善工人的劳动环境,有利于保证抹灰工程施工质量。

(6) 必须考虑安全施工的要求。确定施工顺序,如要主体交叉、平行搭接施工时,必须考虑施工安全问题。如同一竖向上下空间层进行不同的施工过程,一定要注意施工安全的要求;在多层砌体结构民用房屋主体结构施工时,只有完成两个楼层板的施工后,才允许底层进行其他施工过程的操作,同时要有其他必要的安全保证措施。

确定分部分项工程施工顺序必须符合以上六方面的基本要求,有时互相之间存在着矛盾,因此必须综合考虑,才能确定出科学、合理、经济、安全的施工顺序。

3) 高层现浇钢筋混凝土结构房屋的施工顺序

高层现浇钢筋混凝土结构房屋的施工,按照房屋结构各部位不同的施工特点,一般可分为基础工程、主体工程、围护工程、装饰工程四个阶段。如某十层现浇钢筋混凝土框架结构房屋施工顺序,如图 7-6 所示。

(1) ±0.000 以下工程施工顺序

高层现浇钢筋混凝土结构房屋的基础一般分为无地下室和有地下室工程,具体内容视工程设计而定。

当无地下室,且房屋建在坚硬地基上时(不打桩),其 ±0.000 以下工程阶段施工的施工顺序一般为:定位放线→施工预检→验灰线→挖土方→隐蔽工程检查验收(验槽)→浇筑混凝土垫层→养护→基础弹线→施工预检→绑扎钢筋→安装模板→施工预检、隐蔽工程检查验收(钢筋验收)→浇筑混凝土→养护拆模→隐蔽工程检查验收(基础工程验收)→回填土。

当无地下室,且房屋建在软弱地基上时(需打桩),其 ±0.000 以下工程阶段施工的施工顺序一般为:定位放线→施工预检→验灰线→打桩→挖土方→试桩及桩基检测→凿桩或接桩→隐蔽工程检查验收(验槽)→浇筑混凝土垫层→养护→基础弹线→施工预检→绑扎钢筋→安装模板→施工预检、隐蔽工程检查验收(钢筋验收)→浇筑混凝土→养护拆模→隐蔽工程检查验收(基础工程验收)→回填土。

当有地下室一层,且房屋建在坚硬地基上时(不打桩),采用复合土钉墙支护技术,其 ±0.000 以下工程阶段施工的施工顺序一般为:定位放线→施工预检→验灰线→挖土方、基坑围护→隐蔽工程检查验收(验槽)→地下室基础承台、基础梁、电梯基坑定位放线→施工预检→地下室基础承台、基础梁、电梯基坑挖土方及砖胎膜→浇筑混凝土垫层→养护→弹线→施工预检→绑扎地下室基础承台、基础梁、电梯井、底板钢筋及墙、柱钢筋→安装地下室墙模板至施工缝处→施工预检、隐蔽工程检查验收(钢筋验收)→浇筑地下室基础承台、基础梁、电梯井、底板、墙(至施工缝处)混凝土→养护→安装地下室楼梯模板→施工预检→绑扎地下室墙(包括电梯井)、柱、楼梯钢筋→隐蔽工程检查验收(钢筋验收)→安装地下室墙(包括电梯井)、柱、梁、顶板模板→施工预检→绑扎地下室梁、顶板钢筋→隐蔽工程检查验收(钢筋验收)→浇筑地下室墙(包括电梯井)、柱、楼梯、梁、顶板混凝土→养护拆模→地下室结构工程中间验收→防水处理→回填土。

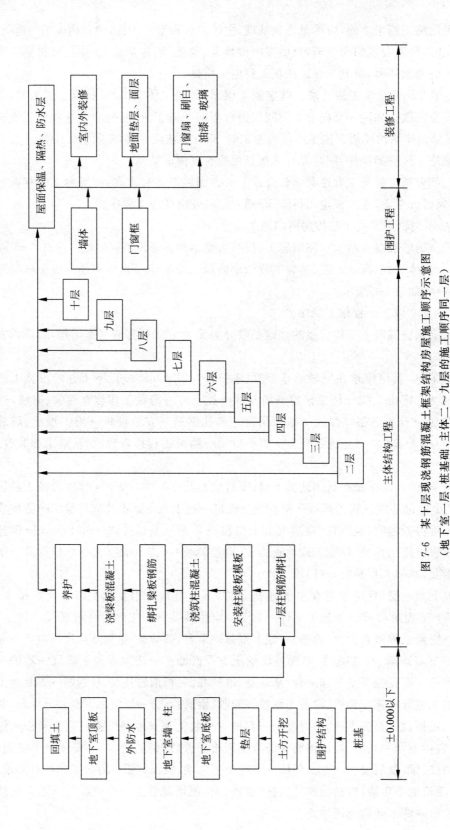

图 7-6 某十层现浇钢筋混凝土框架结构房屋施工顺序示意图
（地下室一层、桩基础、主体二层～九层的施工顺序同一层）

当有地下室一层，且房屋建在软弱地基上时（需打桩），采用复合土钉墙支护技术，其±0.000以下工程阶段施工的施工顺序一般为：定位放线→施工预检→验灰线→打桩→挖土方、基坑围护→试桩及桩基检测→凿桩或接桩→隐蔽工程检查验收（钢筋验收）→地下室基础承台、基础梁、电梯基坑定位放线→施工预检→地下室基础承台、基础梁、电梯基坑挖土方及砖胎膜→浇筑混凝土垫层→养护→弹线→施工预检→绑扎地下室基础承台、基础梁、电梯井、底板钢筋及墙、柱钢筋→安装地下室墙模板至施工缝处→施工预检、隐蔽工程检查验收（钢筋验收）→浇筑地下室基础承台、基础梁、电梯井、底板、墙（至施工缝处）混凝土→养护→安装地下室楼梯模板→施工预检→绑扎地下室墙（包括电梯井）、柱、楼梯钢筋→隐蔽工程检查验收（钢筋验收）→安装地下室墙（包括电梯井）、柱、梁、顶板模板→施工预检→绑扎地下室梁、顶板钢筋→隐蔽工程检查验收（钢筋验收）→浇筑地下室墙（包括电梯井）、柱、楼梯、梁、顶板混凝土→养护拆模→地下室结构工程中间验收→防水处理→回填土。

±0.000以下工程施工阶段，挖土方与做混凝土垫层这两道工序，在施工安排上要紧凑，时间间隔不宜太长。在施工中，可以分段进行流水施工，以避免基槽（坑）土方开挖后，因垫层未及时进行，使基槽（坑）灌水或受冻害，从而使地基承载力下降，造成工程质量事故或引起劳动力、材料等资源浪费而增加施工成本。同时还应注意混凝土垫层施工后必须留有一定的技术间歇时间，使之具有一定的强度后，再进行下道工序施工。要加强对钢筋混凝土结构的养护，按规定强度要求拆模。及时进行回填土，回填土一般在±0.000以下工程通过验收后（有地下室还必须做防水处理）一次性分层、对称夯填，以避免±0.000以下工程受到浸泡并为上部结构施工创造条件。

以上列举的施工顺序只是高层现浇钢筋混凝土结构房屋基础工程施工阶段施工顺序的一般情况，具体内容视工程设计而定，施工条件发生变化时，其施工顺序应作相应的调整。如当受施工条件的限制，基坑土方开挖无法放坡，则基坑围护应在土方开挖前完成。

（2）主体结构工程阶段施工顺序

主体结构工程阶段的施工主要包括：安装塔吊、人货梯起重垂直运输机械设备，搭设脚手架，现浇柱、墙、梁、板、雨篷、阳台、沿沟、楼梯等施工内容。

主体结构工程阶段的施工顺序一般有两种，分别是：①弹线→施工预检→绑扎柱、墙钢筋→隐蔽工程检查验收（钢筋验收）→安装柱、墙、梁、板、楼梯模板→施工预检→绑扎梁、板、楼梯钢筋→隐蔽工程检查验收（钢筋验收）→浇筑柱、墙、梁、板、楼梯混凝土→养护→进入上一结构层施工；②弹线→施工预检→安装楼梯模板，绑扎柱、墙、楼梯钢筋→施工预检、隐蔽工程检查验收（钢筋验收）→安装柱、墙模板→施工预检→浇筑柱、墙、楼梯混凝土→养护→安装梁、板模板→施工预检→绑扎梁、板钢筋→隐蔽工程检查验收（钢筋验收）→浇筑梁、板混凝土→养护→进入上一结构层施工。目前施工中大多采用商品混凝土，为便于组织施工，一般采用第一种施工顺序。

主体结构工程阶段主要是安装模板、绑扎钢筋、浇筑混凝土三大施工过程，它们的工程量大，消耗的材料和劳动量也大，对施工质量和施工进度起着决定性作用。因此在平面上和竖向空间上均应分施工段及施工层，以便有效地组织流水施工。此外，还应注意塔吊、人货梯起重垂直运输机械设备的安装和脚手架的搭设，还要加强对钢筋混凝土结构的养护，按规定强度要求拆模。

（3）围护工程阶段施工顺序

围护工程阶段施工主要包括墙体砌筑、门窗框安装和屋面工程等施工内容。不同的施工内容，可根据机械设备、材料、劳动力安排、工期要求等情况来组织平行、搭接、立体交叉施工。墙体工程包括内、外墙的砌筑等分项工程，可安排在主体结构工程完成后进行，也可安排在待主体结构工程施工到一定层数后进行，墙体工程砌筑完成一定数量后要进行结构工程中间验收，门窗工程与墙体砌筑要紧密配合。

屋面工程的施工，应根据屋面工程设计要求逐层进行。柔性屋面按照找平层→隔汽层→保温层→找平层→柔性防水层→保护层的顺序依次进行。刚性屋面按照找平层→保温层→找平层→隔离层→刚性防水层→隔热层的顺序依次进行。为保证屋面工程施工质量，防止屋面渗漏，一般情况下不划分施工段，可以和装饰工程搭接施工，要精心施工，精心管理。

（4）装饰工程阶段施工顺序

装饰工程包括两部分施工内容：一是室外装饰，包括外墙抹灰、勒脚、散水、台阶、明沟、水落管等施工内容；二是室内装饰，包括顶棚、墙面、地面、踢脚线、楼梯、门窗、五金、油漆、玻璃等施工内容。其中内外墙及楼地面抹灰是整个装饰工程施工的主导施工过程，因此要着重解决抹灰的空间施工顺序。

根据装饰工程施工质量、施工工期、施工安全的要求，以及施工条件，其施工顺序一般有以下几种。

① 室外装饰工程。室外装饰工程施工一般采用自上而下的施工顺序，即屋面工程全部完工后，室外抹灰从顶层依次逐层向下进行，其施工流向一般为水平向下，如图 7-7 所示。采用这种顺序的优点是：可以使房屋在主体结构完成后，有足够的沉降期，从而可以保证装饰工程施工质量；便于脚手架的及时拆除，加速周转材料的及时周转，降低了施工成本，提高了经济效益；可以确保安全施工。

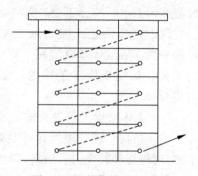

图 7-7　室外装饰自上而下施工顺序（水平向下）

② 室内装饰工程。室内装饰工程施工一般有自上而下、自下而上、自中而下再自上而中三种施工顺序。

室内装饰工程自上而下的施工顺序是指主体结构工程及屋面工程防水层完工后，室内抹灰从顶层往底层依次逐层向下进行。其施工流向又可分为水平向下和垂直向下两种，通常采用水平向下的施工流向，如图 7-8 所示。采用自上而下施工顺序的优点是：主体结构完成后，有足够的沉降期，沉降变化趋于稳定，屋面工程及室内装饰工程施工质量得到了保证，可以减少或避免各工种操作相互交叉，便于组织施工，有利于施工安全，而且楼层清理比较方便。其缺点是：不能与主体结构工程及屋面工程施工搭接，因而施工工期相应较长。

室内装饰工程自下而上的施工顺序是指主体结构工程施工三层以上时（有两个层面楼板，以确保施工安全），室内抹灰从底层开始逐层向上进行，一般与主体结构工程平行搭接施工。其施工流向又可分为水平向上和垂直向上两种，通常采用水平向上的施工流向，如图 7-9 所示。采用自下而上施工顺序的优点是：可以与主体结构工程平行搭接施工，交叉进行,故施工工期相应较短。其缺点是:施工中工种操作互相交叉,要采取必要的安全措施;交叉施工的工序多,人员多,材料供应紧张,施工机具负担重,现场施工组织和管理比较复杂;施工时主体结构工程未完成,没有足够的沉降期,必须采取必要的保证施工质量措施,否则会影响室内装饰工程施工质量。因此,只有当工期紧迫时,室内装饰工程施工才考虑采取自下而上的施工顺序。

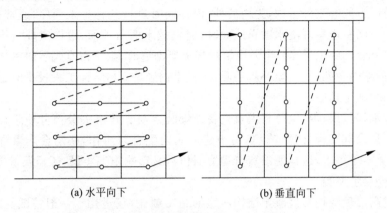

(a) 水平向下   (b) 垂直向下

图 7-8 室内装饰自上而下施工顺序

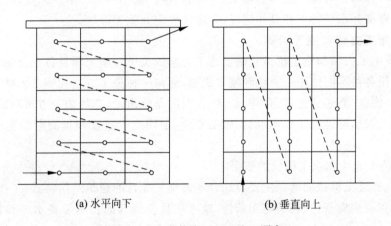

(a) 水平向下   (b) 垂直向上

图 7-9 室内装饰自下而上施工顺序

  自中而下再自上而中的施工顺序,一般适用于高层及超高层建筑的装饰工程,这种施工顺序具备了自上而下、自下而上两种施工顺序的优点。

  室内装饰工程施工在同一层内顶棚、墙面、楼地面之间的施工顺序一般有两种:楼地面→顶棚→墙面,顶棚→墙面→楼地面。这两种施工顺序各有利弊,前者便于清理地面基层,地面施工质量易保证,而且便于收集墙面和顶棚的落地灰,从而节约材料,降低施工成本。但为了保证地面成品质量,必须采用一系列的保护措施,地面做好后要有一定的技术间歇时间,否则后道工序不能及时进行,故工期较长。后者地面施工前必须将顶棚及墙面的落地灰清扫干净,否则会影响面层与基层之间的黏结,引起地面起壳,而且影响地面施工用水的渗漏可能影响下层顶棚、墙面的抹灰施工质量。底层地面通常在各层顶棚、墙面、地面做好后最后进行。楼梯间和楼梯踏步装饰,由于施工期间易受损坏,为了保证装饰工程施工质量,楼梯间和楼梯踏步装饰往往安排在其他室内装饰完工后,自上而下统一进行。门窗的安装可在抹灰之前或之后进行,主要视气候和施工条件而定,但通常是安排在抹灰之后进行。而油漆和玻璃安装的次序是先油漆门窗,后安装玻璃,以免油漆时弄脏玻璃,塑钢及铝合金门窗不受此限制。

在装饰工程施工阶段,还需考虑室内装饰与室外装饰的先后顺序,其顺序与施工条件和气候变化有关。一般有先外后内,先内后外,内外同时进行三种施工顺序,通常采用先外后内的施工顺序。当室内有现浇水磨石地面时,应先做水磨石地面,再做室外装饰,以免施工时渗漏影响室外装饰施工质量;当采用单排脚手架砌墙时,由于留有脚手眼需要填补,应先做室外装饰,拆除脚手架,同时填补脚手眼,再做室内装饰;当装饰工人较少时,则不宜采用内外同时施工的施工顺序。

房屋各种水、暖、煤、卫、电等管道及设备的安装要与土建有关分部分项工程紧密配合,交叉施工。如果没有安排好这些设备与土建之间的配合与协作,必定会产生许多开孔、返工、修补等大量零星用工,这样既浪费劳动力、材料,又影响施工质量,还延误了施工工期,这是不可取的,要尽量避免。

上面所述高层现浇钢筋混凝土结构房屋的施工顺序,仅适用于一般情况。建筑施工与组织管理既是一个复杂的过程,又是一个发展的过程。建筑结构、现场施工条件、技术水平、管理水平等不同,均会对施工过程和施工顺序的安排产生不同的影响。因此,针对每一个施工项目,必须根据其施工特点和具体情况,合理地确定其施工顺序。

3. 选择施工方法和施工机械

正确选择施工方法和施工机械是制定施工方案的关键。施工项目各个分部分项工程的施工,均可选用各种不同的施工方法和施工机械,而每一种施工方法和施工机械又都有其各自的优缺点。因此,必须从先进、合理、经济、安全的角度出发,选择施工方法和施工机械,以达到保证施工质量、降低施工成本、确保施工安全、加快施工进度和提高劳动生产率的预期效果。

1) 选择施工方法和施工机械的依据

施工方法和施工机械的选择主要应综合考虑施工项目的建筑结构特点、工程量大小、施工工期长短、资源供应条件、现场施工条件、施工项目经理部的技术装备水平和管理水平等因素来进行。

2) 选择施工方法和施工机械的基本要求

施工项目施工中,选择施工方法和施工机械应符合以下基本要求。

(1) 应考虑主要分部分项工程施工的要求

应从施工项目施工全局出发,着重考虑影响整个施工项目施工的主要分部分项工程的施工方法和施工机械的选择。而对于一般的、常见的、工人熟悉或工程量不大的及与施工全局和施工工期无多大影响的分部分项工程,可以不必详细选择,只需要针对分部分项工程施工特点,提出若干应注意的问题和要求。

施工项目施工中,主要分部分项工程,一般是指以下内容。

① 工程量大,占施工工期长,在施工项目中占据重要地位的施工过程。如高层钢筋混凝土结构房屋施工中的打桩工程、土方工程、地下室工程、主体工程、装饰工程等。

②施工技术复杂或采用新技术、新工艺、新结构,对施工质量起关键作用的分部分项工程。如地下室的地下结构和防水施工过程,其施工质量的好坏对今后的使用将产生很大影响;整体预应力框架结构体系的工程,其框架和预应力施工对工程结构的稳定及其施工质量起关键作用。

③对施工项目经理部来说,某些特殊结构工程或不熟悉且缺乏施工经验的分部分项工程。如大跨度预应力悬索结构、薄壳结构、网架结构等。

(2)应满足施工技术的要求

施工方法和施工机械的选择,必须满足施工技术的要求。如预应力张拉的方法、机械、锚具、预应力施加等必须满足工程设计、施工的技术要求;吊装机械类型、型号、数量的选择应满足构件吊装的技术和进度要求。

(3)应符合提高工厂化、机械化程度的要求

施工项目施工,原则上应尽可能实现和提高工厂化施工方法和机械化施工程度。这是建筑施工发展的需要,也是保证施工质量、降低施工成本、确保施工安全、加快施工进度、提高劳动生产率和实现文明施工的有效措施。

这里所说的工厂化,是指施工项目的各种钢筋混凝土构件、钢结构件、钢筋加工等应最大限度地实现工厂化制作,最大限度地减少现场作业。所说的机械化程度,不仅是指施工项目施工要提高机械化程度,还要充分发挥机械设备的效率,减少繁重的体力劳动操作,以求提高工效。

(4)应符合先进、合理、可行、经济的要求

选择施工方法和施工机械,除要求先进、合理之外,还要考虑施工中是可行的,选择的机械设备是可以获得的,经济上是节约的。要进行分析比较,从施工技术水平和实际情况出发,选择先进、合理、可行、经济的施工方法和施工机械。

(5)应满足质量、安全、成本、工期要求

所选择的施工方法和施工机械应尽量满足保证施工质量、确保施工安全、降低施工成本、缩短施工工期的要求。

3)主要分部分项工程的施工方法和施工机械选择

分部分项工程的施工方法和施工机械,在建筑施工技术课程中已详细叙述,这里仅将其要点归纳如下。

(1)土方工程

①计算土方开挖工程量,确定土方开挖方法,选择土方开挖所需机械的类型、型号和数量。

②确定土方放坡坡度、工作面宽度或土壁支撑形式。

③确定排除地面水、地下水的方法,选择所需机械的类型、型号和数量。

④确定防止出现流砂现象的方法,选择所需机械的类型、型号和数量。

⑤计算土方外运、回填工程量,确定填土压实方法,选择所需机械的类型、型号和数量。

(2)基础工程

①浅基础施工中,应确定垫层、基础的施工要求,选择所需机械的类型、型号和数量。

②桩基础施工中,应确定预制桩的入土方法和灌注桩的施工方法,选择所需机械的类型、型号和数量。

③ 地下室施工中,应根据防水要求,留置、处理施工缝,模板及支撑的要求。

（3）钢筋混凝土工程

① 确定模板类型及支模方法,进行模板支撑设计。

② 确定钢筋的加工,绑扎和连接方法,选择所需机械的类型、型号和数量。

③ 确定混凝土的搅拌、运输、浇筑、振捣、养护方法,留置、处理施工缝,选择所需机械的类型、型号和数量。

④ 确定预应力混凝土的施工方法,选择所需机械的类型、型号和数量。

（4）砌筑工程

① 砌筑工程施工中,应确定砌体的组砌和砌筑方法及质量要求。

② 弹线、楼层标高控制和轴线引测。

③ 确定脚手架所用材料与搭设要求及安全网的设置要求。

④ 选择砌筑工程施工中所需机械的类型、型号和数量。

（5）屋面工程

① 屋面工程中各层的做法及施工操作要求。

② 确定屋面工程施工中所用各种材料及运输方式。

③ 选择屋面工程施工中所需机械的类型、型号和数量。

（6）装饰工程

① 室内外装饰的做法及施工操作要求。

② 确定材料运输方式、施工工艺。

③ 选择所需机械的类型、型号和数量。

（7）现场垂直运输、水平运输

① 选择垂直运输机械的类型、型号和数量及水平运输方式。

② 选择塔吊的型号和数量。

③ 确定起重垂直运输机械的位置或开行路线。

在选择高层钢筋混凝土结构房屋主要分部分项工程方法和施工机械时,要结合上面归纳的要点及施工特点,根据选择施工方法和施工机械的主要依据、基本要求和建筑施工技术课程中的详细叙述具体地编写。

7.3.4 施工进度计划

横道图施工进度计划设计的一般步骤如下。

1. 填写施工过程名称与计算数据

施工过程划分和确定之后,应按照施工顺序要求列成表格,编排序号,依次填写到施工进度计划表的左边各栏内。

高层现浇钢筋混凝土结构房屋各施工过程依次填写的顺序一般是：施工准备工作→基础及地下室结构工程→主体结构工程→围护工程→装饰工程→其他工程→设备安装工程。

2. 初排施工进度计划

根据选定的施工方案,按各分部分项工程的施工顺序,从第一个分部工程开始,一个接一个分部工程初排,直至排完最后一个分部工程。

3. 检查与调整施工进度计划

当整个施工项目的施工进度初排后,必须对初排的施工进度方案作全面检查,如有不符合要求或错误之处,应进行修改并调整,直至符合要求为止。具体内容如下。

(1) 检查整个施工项目施工进度计划初排方案的总工期是否符合施工合同规定工期的要求。

(2) 检查整个施工项目每个施工过程在施工工艺、技术、组织安排上是否正确合理。

(3) 检查整个施工项目每个施工过程的起讫时间和延续时间是否正确合理。

(4) 检查整个施工项目某些施工过程应有技术组织间歇时间是否符合要求。

(5) 检查整个施工项目施工进度安排,劳动力、材料、机械设备等资源供应与使用是否连续、均衡。

7.3.5　施工准备工作计划

为了落实各项施工准备工作,建立严格的施工准备工作责任制,明确分工,便于检查和监督施工准备工作的进展情况,保证施工项目开工和施工的正常顺利进行,必须根据各项施工准备工作的内容、要求、时间、负责单位和负责人,编制出施工准备工作计划。施工准备工作计划如表 7-2 所示。

表 7-2　施工准备工作计划

序号	施工准备工作名称	简要内容	施工准备工作要求	负责单位	负责人	起止时间		备　注
						×月×日	×月×日	

7.3.6　施工平面图设计

建筑施工是一个复杂多变的生产过程,各种施工机械、材料、构件等是随着工程的进展而逐渐进场的,而且又随着工程的进展而逐渐变动、消耗。因此,整个施工过程中,它们在工地上的实际布置情况是随时改变的。为此,对于大型建筑工程、施工期限较长或施工场地较为狭小的工程,就需要按不同施工阶段分别设计,如基础阶段、主体结构阶段和装饰阶段,以便能把不同施工阶段工地上的合理布置具体地反映出来。在布置各阶段的施工平面图时,对整个施工期间使用的主要道路、水电管线和临时房屋等,不要轻易变动,以节省费用。对较小的建筑物,一般按主要施工阶段的要求来布置施工平面图,同时考虑其他施工阶段如何周转使用施工场地。布置重型工业厂房的施工平面图,还应该考虑到一般土建工程同其他设备安装等专业工程的配合问题,一般土建施工单位会同各专业施工单位共同编制综合施工平面图。在综合施工平面图中,根据各专业工程在各施工阶段的要求将现场平面合理划分,使专业工程各得其所,更方便地组织施工。

施工平面图设计程序如图 7-10 所示。

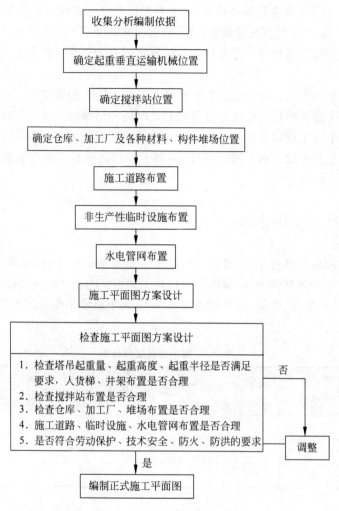

图 7-10   施工平面图设计程序

1. 设置大门,引入场外道路

施工现场宜设置两个以上大门。大门应考虑周边路网情况、转弯半径和坡度限制,大门的高度和宽度应满足车辆运输需要,尽可能考虑与加工场地、仓库位置的有效衔接。

2. 布置大型机械设备

塔吊布置的最佳状况应使建筑物平面均在塔吊服务范围以内,以保证各种材料和构件直接调运到建筑物的设计部位上,尽量避免"死角",也就是避免建筑物处在塔吊服务范围以外的部分;同时还应考虑塔吊的附墙杆件及使用后的拆除和运输。

建筑施工电梯是高层建筑施工中运输施工人员及建筑器材的主要垂直运输设施,它附着在建筑物外墙或其他结构部位上。确定建筑施工电梯的位置时,应考虑便于施工人员上下和物料集散;由电梯口至各施工处的平均距离应最短;便于安装附墙装置;接近电源,有良好的夜间照明。

井架的布置,主要根据机械性能、建筑物的平面形状和尺寸、施工段划分情况、建筑物高低层分界位置、材料来向和已有运输道路情况而定。布置的原则是：充分发挥垂直运输的能力，并使地面和路面的水平运距最短。

布置混凝土泵的位置时，应考虑泵管的输送距离、混凝土罐车行走方便，一般情况下立管应相对固定，泵车可以现场流动使用。起重垂直运输机械的位置直接影响仓库、砂浆和混凝土搅拌站、各种材料和构件的位置及道路和水、电线路的布置等，因此它的布置必须首先予以考虑。

3. 布置仓库、堆场和加工厂

总的指导思想是：应使材料和构件的运输量最小，垂直运输设备发挥较大的作用；有关联的加工厂适当集中。材料构件的堆场和仓库、加工厂的位置应尽量靠近使用地点或在塔吊的服务范围内，并考虑运输和装卸料的方便。

搅拌站应尽可能布置在起重及垂直运输机械附近。当选择为塔吊方案时，其出料斗（车）应在塔吊的服务半径之内，以直接挂钩起吊为最佳；搅拌机的布置位置应考虑运输方便，所以附近应布置道路（或布置在道路附近为好），以便砂石进场及拌和物的运输；搅拌机布置位置应考虑后台有上料的场地，搅拌站所用材料：水泥、砂、石以及水泥库（罐）等都应布置在搅拌机后台附近；有特大体积混凝土施工时，其搅拌机尽可能靠近使用地点。如浇注大型混凝土基础时，可将混凝土搅拌站直接设在基础边缘，待基础混凝土浇完后再转移，以减少混凝土的运输距离；混凝土搅拌机每台所需面积约 $25m^2$，冬季施工时，考虑保温与供热设施等面积为 $50m^2$ 左右。砂浆搅拌机每台所需面积为 $15m^2$ 左右，冬季施工时面积为 $30m^2$ 左右；搅拌站四周应有排水沟，以便清洗机械的污水排走，避免现场积水。

木材、钢筋、水电卫安装等加工棚宜设置在建筑物四周稍远处，并有相应的材料及成品堆场；石灰及淋灰池可根据情况布置在砂浆搅拌机附近；沥青灶应选择较空的场地，远离易燃易爆品仓库和堆场，并布置在施工现场的下风向。

各种材料、构件的堆场及仓库应先计算所需面积，然后根据其施工进度、材料供应情况等，确定分批分期进场。同一场地可供多种材料或构件堆放，如先堆主体施工阶段的模板、后堆装饰装修施工阶段的各种面砖，先堆砖、后堆门窗等。

4. 布置场内临时运输道路

施工现场的主要道路应进行硬化处理，主干道应有排水措施。临时道路要把仓库、加工厂、堆场和施工点贯穿起来，按货运量大小设计双行干道或单行循环道满足运输和消防要求。主干道宽度单行道不小于 4m，双行道不小于 6m。木材场两侧应有 6m 宽通道，端头处应有 $12m \times 12m$ 回车场，消防车道不小于 4m，载重车转弯半径不宜小于 15m。运输道路的布置主要解决运输和消防两个问题。现场运输道路应按材料和构件运输的要求，沿着仓库和堆场进行布置。道路应尽可能利用永久性道路，或先建好永久性道路的路基，在土建工程结束之前再铺路面，以节约费用。现场道路布置时要注意保证行驶畅通，使运输工具有回转的可能性。因此，运输路线最好围绕建筑物布置成一条环行道路。道路两侧一般应结合地形设置排水沟，沟深不小于 0.4m，底宽不小于 0.3m。

5. 布置临时设施

临时设施一般是工地办公室、宿舍、工人休息室、门卫室、食堂、开水房、浴室、厕所等临时建筑物。确定它们的位置时，应考虑使用方便，不妨碍施工，并符合防火、安全的要求。要尽量利用已有设施和已建工程，必须修建时要进行计算，合理确定面积，努力节约临时设施费用。应尽可能采用活动式结构和就地取材设置。通常,工人休息室应设在工人作业区;宿舍应布置在安全的上风向;门卫及收发室应布置在工地入口处。

(1)尽可能利用已建的永久性房屋为施工服务,如不足再修建临时房屋。临时房屋应尽量利用可装拆的活动房屋且满足消防要求。若有条件,应使生活区、办公区和施工区相对独立。宿舍内应保证有必要的生活空间,室内净高不得小于 2.4m,通道宽度不得小于0.9m,每间宿舍居住人员不得超过 16 人。

(2)办公用房宜设在工地入口处。

(3)作业人员宿舍一般设在现场附近,方便工人上下班;有条件时也可设在场区内。作业人员用的生活福利设施宜设在人员相对较集中的地方,或设在出入必经之处。

(4)食堂宜布置在生活区,也可视条件设在施工区与生活区之间。如果现场条件不允许,也可采用送餐制。

6. 布置临时水、电管网和其他动力设施

临时供水包括生产用水、生活用水、消防用水三方面。其布置形式有环形、支形、混合式三种,一般采用支状布置方式,供水管分别接至各用水点附近,分别接出水龙头,以满足现场施工的用水需要。在保证供水的前提下,力求管网总长度最短,以节约施工费用。管线可暗铺,也可明铺。临时水池、水塔应设在用水中心和地势较高处。

临时供电包括动力用电、照明用电两方面,布置时应先进行用电量、导线的计算。临时总变电站应设在高压线进入工地入口处,尽量避免高压线穿过工地。供电线路应避免与其他管道设在同一侧,同时支线应引到所有用电设备使用地点。应按批准的《××工程临时水、电施工技术方案》组织设施。

施工总平面图应按绘图规则、比例、规定代号和规定线条绘制,把设计的各类内容分类标绘在图上,标明图名、图例、比例尺、方向标记、必要的文字说明等。

7.3.7 施工技术组织措施

任何一个施工项目的施工,都必须严格执行现行的《中华人民共和国建筑法》《中华人民共和国安全生产法》《建设工程质量管理条例》《建设工程安全生产管理条例》《建筑安装工程施工及验收规范》《建筑工程质量检验评定标准》,以及操作规程、强制性条文和建设工程施工现场管理规定等法律、法规和部门规章,并根据施工项目的工程特点、施工中的难点、重点和施工现场的实际情况,制定相应的技术组织措施,以达到保证和提高施工质量、确保施工安全、降低施工成本、加快施工进度、加强环境保护和实现文明施工、绿色施工和智慧工地的目的。

1. 技术措施

采用新材料、新结构、新工艺、新技术的施工项目,以及高耸、大跨度、重型构件、深基础等特殊施工项目,施工中应编制相应的技术措施。其内容一般如下。

(1)需表明的平面、剖面示意图以及工程量一览表。

(2)施工方法的特殊要求和工艺流程。

(3)水下混凝土及冬雨夏期施工措施。

(4)施工技术、施工质量和安全施工要求。

(5)材料、构件和施工机具的特点、使用方法及需用量。

2．保证施工质量措施

保证施工质量措施，可以按照各主要分部分项工程施工质量要求提出，也可以按照工种工程施工质量要求提出。保证施工质量措施，可以从以下各方面考虑。

（1）确保定位、放线、轴线尺寸、标高测量、楼层轴线引测等准确无误的措施。

（2）确保地基承载力符合工程设计规定要求而采取的措施。

（3）确保基础、地下结构及防水工程施工质量措施。

（4）确保主体结构中关键部位施工质量措施。

（5）确保屋面、装饰工程施工质量措施。

（6）对采用新材料、新结构、新工艺、新技术的施工项目，提出确保施工质量措施。

（7）冬雨季施工的施工质量措施。

（8）保证施工质量的组织措施，如现场管理机构的设置、人员培训、执行施工质量的检查验收制度等。

3．保证安全施工措施

加强劳动保护，保证安全生产是党和国家保护劳动人民的一项重要政策，是对生产工人身心健康的关怀和体现。为此，应提出有针对性的保证安全施工的措施，以杜绝施工中安全事故的发生。订出的安全施工措施要认真执行、严格检查、共同遵守。保证安全施工措施，可以从以下各方面考虑。

（1）提出安全施工的宣传、教育、交底、检查的具体措施。

（2）保证土石方边坡稳定措施。

（3）脚手架、吊篮、安全网的设置及各类洞口防止人员坠落措施。

（4）人货电梯、井架及塔吊等起重垂直运输机械的拉结要求和防倒塌措施。

（5）安全用电和机电设备防短路、防触电措施。

（6）对易燃、易爆、有毒作业场所的防火、防爆、防毒措施。

（7）季节性安全措施，如雨期的防洪、防雨，夏期的防暑降温，冬期的防滑、防火等措施。

（8）施工现场周围通行道路及居民保护隔离措施。

（9）防雷击及防机械伤害措施。

（10）防疫及防物体打击措施。

4．降低施工成本措施

施工成本控制的目的在于降低施工成本，提高经济效益。降低施工成本措施，可以从以下各方面考虑。

1）确定先进、经济、安全的施工方案

施工方案选择得科学与否，将直接影响施工项目的施工效率、施工质量、施工安全、施工工期、施工成本，因此，必须确定出一个施工上可行、技术上先进、经济上合理、安全上可靠的施工方案，这是降低施工成本、进行施工成本控制的关键和基础。

2）加强技术管理，提高施工质量

加强施工技术管理工作，建立健全技术管理制度，从而提高施工质量，避免因返工造成的经济损失，提高施工项目经济效益。

3）加强劳动管理，提高劳动生产率，控制人工费支出

在施工项目施工中，施工成本在很大程度上取决于劳动生产率的高低，而劳动生产率的

高低又取决于劳动组织、技术装备和劳动者的素质。因此,一方面要学习先进施工项目管理理论和方法,提高技术装备水平和提高劳动者的素质;另一方面要改善劳动组织,加强劳动管理,按照"量价分离"原则对人工费进行控制,并充分调动施工项目经理部每个职工的积极性、主动性、创造性,挖掘潜力,达到降低施工成本的目的。

4) 加强材料管理,控制材料费支出

在施工成本中,材料费约占70%甚至更多,材料的控制是施工成本控制的重点,也是施工成本控制的难点。因此,必须加强材料管理,按照"量价分离"原则对材料进行控制。

5) 加强机械设备管理,控制机械设备使用费支出

加强机械设备管理,控制机械设备使用费支出,以降低施工成本。主要从三个方面进行考虑:一是提高机械设备的利用率和完好率;二是选择机械设备的获取方式,即购买和租赁,考虑哪种获取方式更经济、对降低施工成本更有利;三是加强机械设备日常管理和维修管理。

6) 控制施工现场管理费支出

施工现场管理费在施工成本中占有一定的比例,包括的范围广、项目多、内容繁杂,其控制与核算都难把握,在使用和开支时弹性较大。因此,也是施工项目成本控制的重要方面。

5. 施工进度控制措施

施工进度控制措施主要包括组织措施、技术措施、经济措施、合同措施和信息管理措施等。

1) 组织措施

施工项目进度控制的组织措施如下。

(1) 建立进度控制的组织系统,落实各层次的进度控制人员及其工作责任。

(2) 建立施工进度控制各项制度。施工进度控制制度主要有:施工进度计划的审核制度,施工进度报告制度,施工进度控制检查制度,施工进度控制分析制度,施工进度协调会议制度等。

2) 技术措施

施工项目进度控制的技术措施如下。

(1) 采用流水施工方法和网络技术安排施工进度计划,保证施工生产能连续、均衡、有节奏地进行。

(2) 缩短作业及技术组织间歇时间,以缩短施工工期。

3) 经济措施

施工项目进度控制的经济措施如下。

(1) 提供资金保证措施。

(2) 对工期缩短给予奖励,对拖延工期给予处罚。

(3) 及时办理工程进度款支付手续。

(4) 对应急赶工给予赶工补偿。

4) 合同措施

施工项目进度控制的合同措施如下。

(1) 加强合同管理,以保证合同进度目标的实现。

（2）严格控制合同变更，对于已经确认的工程变更，及时补进合同文件中。

（3）加强风险管理，在合同中充分考虑各种风险因素及其对施工进度的影响及处理办法等。

5）信息管理措施

施工项目进度控制的信息措施是指不断对收集施工实际进度的有关资料进行整理统计，并与计划进度进行比较，对出现的偏差分析原因和对整个工期的影响程度，采取必要的补救措施或调整、修改原计划后再付诸实施，以加强施工项目进度控制。

6. 施工现场环境保护措施

施工现场环境保护是指保护和改善施工现场的环境。施工现场环境保护是施工项目现场管理的重要内容之一，是消除外部干扰，保证施工生产正常顺利进行的需要；是现代化大生产的客观要求；是保证人们身体健康和文明施工的需要；也是节约能源，保护人类生存环境，保证可持续发展的需要。搞好施工现场环境保护，主要采取以下措施。

1）建立环境保护工作责任制

施工现场环境保护工作范围广、内容繁杂，必须建立严格的环境保护工作责任制。其中施工项目经理是施工现场环境保护工作的领导者、组织者、指挥者和第一责任人。

2）采取技术措施防止大气污染、水污染、光污染、噪声污染

（1）施工现场防止大气污染的主要措施有：施工现场的建筑垃圾应及时清理出场，清理楼层建筑垃圾时严禁凌空随意抛撒；施工现场地面应做硬化处理，指定专人负责清扫，防止扬尘；对细颗粒散体材料的运输要密封，防止遗洒、飞扬；防止车辆将泥沙带出现场；禁止在施工现场焚烧会产生有毒、有害烟尘和恶臭气体的物质；施工现场使用的茶炉应尽量使用热水器；施工现场尽量使用商品混凝土，拆除旧建筑物时应洒水，防止扬尘。

（2）施工现场水污染的主要防止措施有：禁止将有毒、有害废弃物作为回填土；施工现场废水须经沉淀合格后排放；施工现场存放的油料，必须对库房地面进行防渗处理；施工现场的临时食堂，污水排放时可设置隔油池，定期清理，防止污染；施工现场的厕所、化粪池应采取防渗漏措施；化学品、外加剂等应妥善保管，库内存放，防止污染环境。

（3）施工现场光污染的主要防止措施有：尽量减少施工现场晚间施工照明；必要的施工现场晚间施工照明应尽量不照向居民。

（4）施工现场噪声污染的主要防止措施有：严格控制人为噪音；从声源降低噪音；严格控制施工作业时间，一般晚 10 点到次日早 6 点之间停止施工作业。

3）建立环境保护工作检查和监控制度

在施工项目施工过程中，应加强施工现场环境保护工作的检查，督促环境保护工作的有序开展，发现薄弱环节，不断改进工作，还应加强对施工现场的粉尘、噪声、光、废气等的监控工作。

4）对施工现场环境保护进行综合治理

一方面要采取措施防止大气污染、水污染、光污染、噪声污染，另一方面，应协调外部关系，同当地居委会、居民、建设单位、派出所和环保部门、主管部门加强联系。要办理有关手续，做好宣传教育工作，认真对待居民来信来访，立即或限期解决有关问题。

5）严格执行国家的法律、法规

7.3.8 主要技术经济指标计算和分析

技术经济分析有定性分析和定量分析两种方法。

1. 定性分析

定性分析是根据自己的个人实践和一般的经验,对施工组织设计的优劣进行分析。定性分析方法比较简单方便,但不精确,决策易受主观因素影响。

2. 定量分析

定量分析是通过计算施工组织设计的几个相同的主要技术经济指标,进行综合分析,比较选择出各项指标较好的施工组织设计。这种方法比较客观,但指标的确定和计算比较复杂。

参 考 文 献

[1] 中华人民共和国住房和城乡建设部.建设工程项目管理规范[M].北京：中国建筑工业出版社,2017.

[2] 中华人民共和国住房和城乡建设部.建筑施工组织设计规范[M].北京：中国建筑工业出版社,2009.

[3] 中国建设监理协会.建设工程进度控制[M].北京：中国建筑工业出版社,2018.

[4] 中国建设监理协会.建设工程监理案例分析[M].北京：中国建筑工业出版社,2018.

[5] 中国建设监理协会.建设工程监理相关法规文件汇编[M].北京：中国建筑工业出版社,2018.

[6] 武佩牛.建筑施工组织与进度控制[M].北京：中国建筑工业出版社,2006.

[7] 危道军.建筑施工组织[M].北京：中国建筑工业出版社,2004.

[8] 赵香贵.建筑施工组织与进度控制[M].北京：金盾出版社,2002.

[9] 全国一级建造师执业资格考试用书编写委员会.房屋建筑工程管理与实务[M].北京：中国建筑工业出版社,2004.

[10] 张廷瑞.建筑工程施工组织[M].哈尔滨：哈尔滨工业大学出版社,2015.

[11] 项建国,陆生发.施工项目管理实务模拟[M].北京：中国建筑工业出版社,2009.

[12] 沙玲,陆生发.建筑工程施工准备[M].北京：高等教育出版社,2015.